全国高等职业教育“十三五”规划教材

机械工程材料

主　编　徐　荣
副主编　陈　亮　赵　捷
主　审　侯克青

中国矿业大学出版社

内 容 提 要

本书根据任务驱动教学模式进行编写，将教材与教法有机地结合起来，按照“项目(主题学习单元)—任务(学习型工作)”为序构建教材结构，具有较强的可操作性。全书共设有七个项目，在简要介绍机械工程材料及其生产相关知识的基础上，较系统地介绍了金属材料的性能、微观结构、强化与表面处理，并讲述了常用金属材料、常用非金属材料、机械工程材料及其强化方法的选择等基本理论与基本知识。

本书可作为高职高专院校机械类、近机类专业的教学用书，也可作为相关专业工程技术人员的参考用书以及企业职工的培训教材。

图书在版编目(CIP)数据

机械工程材料 / 徐荣主编. — 徐州 : 中国矿业大学出版社，2018.2

ISBN 978-7-5646-3880-1

Ⅰ. ①机… Ⅱ. ①徐… Ⅲ. ①机械制造材料 Ⅳ. ①TH14

中国版本图书馆CIP数据核字(2018)第003285号

书　　名 机械工程材料
主　　编 徐　荣
责任编辑 何　戈
出版发行 中国矿业大学出版社有限责任公司
(江苏省徐州市解放南路　邮编221008)
营销热线 (0516)83885307　83884995
出版服务 (0516)83885767　83884920
网　　址 http://www.cumtp.com　**E-mail**:cumtpvip@cumtp.com
印　　刷 江苏淮阴新华印刷厂
开　　本 787×1092　1/16　**印张** 10.25　**字数** 255千字
版次印次 2018年2月第1版　2018年2月第1次印刷
定　　价 22.00元

(图书出现印装质量问题，本社负责调换)

前　言

本书根据教育部及人力资源和社会保障部对高职高专高技能人才培养的要求，针对高职高专教育特点，遵循高职高专教材“必需、够用”的原则，在借鉴各高职高专院校金工课程教学改革经验的基础上，结合教学改革“基于工作过程”“教、学、做一体化教学”的特点编写而成。本书可作为高职高专院校机械类、近机类专业教学用书，也可作为相关专业工程技术人员的参考用书以及企业职工的培训教材。

在编写过程中，本书以专业人才培养方案为依据、以岗位需求为基本出发点、以学生发展为本位设计教材内容，根据任务驱动教学模式的要求，将教材与教法有机地结合起来，按照“项目（主题学习单元）—任务（学习型工作）”为序构建教材结构，具有较强的可操作性。全书共设有七个项目：机械工程材料及其生产概述、金属材料的性能、金属材料的微观结构、金属材料的强化与表面处理、常用金属材料、常用非金属材料、机械工程材料及其强化方法的选择。在每个项目之下设有不同的学习任务，每个学习任务都从知识要点、技能目标切入，以学习型工作任务为主线，依照“任务导入、任务分析、相关知识、任务实施”四大环节，使学生较系统地掌握机械工程材料的基本理论和基本知识；掌握常用机械工程材料的成分、组织、性能与热处理之间的关系及其用途；初步具有合理选用机械工程材料，正确确定热处理方法的能力。每项任务完成之后，都配有一定数量的思考与练习题，以帮助学生进一步理解和巩固所学知识，做到温故知新，培养分析问题与解决问题的能力，为后续课程的学习和从事工业生产、技术及管理工作奠定基础。

参加本书编写的有：长治职业技术学院徐荣（项目一、项目四、项目七）、长治职业技术学院赵菊莲（项目二）、大同煤炭职业技术学院王梅香（项目三）、河南工业和信息化职业学院赵捷（项目五）、长治职业技术学院陈亮（项目六、附录)。徐荣任主编并负责全书的统稿和定稿工作,陈亮、赵捷任副主编。全书由长治职业技术学院侯克青教授主审。

在本书编写过程中得到了有关院校、企业、科研单位的帮助与指导,在此一并致谢。

限于编者水平,书中难免存在错误和不足之处,恳请广大读者指正。

编 者

2017 年 6 月

目 录

项目一　机械工程材料及其生产概述

在生活、生产和科技各个领域中，用于制造结构件、机器、工具和功能器件的各类材料统称为工程材料。工程材料的发展与国民经济的发展有密切的关系，从日常生活用具到高、精、尖的产品，从简单的手工工具到复杂的飞机、机器人，都是由不同种类、不同性能的工程材料加工成的零件经组合装配而成的。

工程材料按其应用领域可分为信息材料、能源材料、建筑材料、机械工程材料、生物材料、航空航天材料等多种类别。本书主要介绍机械制造业中广为使用的机械工程材料。

机械工程材料是机械产品制造所必需的物质基础，是机械工业的"粮食"。材料、能源和信息被称为现代社会的三大支柱，而能源和信息的发展，在一定程度上又依赖于材料的进步，因此许多国家都把材料科学作为重点发展科学之一，使之成为新技术革命的坚实基础。对于从事机械工程技术或管理的人员，了解机械工程材料的性能及其应用非常重要。

本项目共分两项基本任务。

任务一　机械工程材料与机械制造过程

【知识要点】 机械工程材料的发展历程；机械工程材料的分类；机械制造工艺流程；钢铁冶炼过程；钢的铸锭方法；钢材的生产。

【技能目标】 了解机械工程材料的种类；了解机械工程材料在机械制造业中的作用与地位；了解机械工程材料的发展趋势。

任务导入

材料的使用与人类进步密切相关，标志着人类文明的发展水平。人类社会所谓的石器时代、陶器时代、青铜器时代和铁器时代，就是按生产活动中起主要作用的材料划分的。如今人类已跨入了人工合成材料的新时代。

任务分析

机械工业正向着高速、自动、精密方向快速发展，机械产品更新换代的速度不断加快，机械工程材料的使用量越来越大，在产品的设计与制造过程中所遇到的有关机械工程材料及其强化方面的问题日益增多。因此，合理选用材料及其强化方法，对充分发挥材料潜力、保证材料性能、提高产品质量、节约材料、降低成本等都起着重大作用。

相关知识

一、机械工程材料的发展历程

根据对大量出土文物的考证，我国早在 4 000 年前就已开始使用天然存在的红铜，到公元前 16 世纪的殷商时代开始在生产工具、武器、生活用具及礼器等方面均大量使用青铜(铜锡合金)。如重达 832.84 kg 的后母戊鼎，不仅体积庞大，而且花纹精巧，造型美观，充分反映出当时高超的冶铸技术和艺术造诣。到春秋时期，我国已能对青铜冶铸技术做出规律性的总结，如《周礼·考工记》中的“六齐”规律(青铜各组成元素的 6 种配比)，是世界上最早的合金工艺总结。

我国还是生产铸铁最早的国家，早在 2 500 年前的周代就已发明了生铁冶炼技术，开始用铸铁制作农具，如河北武安出土的战国期间的铁锹，经金相检验证明是可锻铸铁。随后出现了炼钢、锻造、钎焊和退火、正火、淬火、渗碳等热处理技术。出土的文物如西汉的钢剑、书刀等，经金相检验发现其内部组织接近于现代淬火马氏体和渗碳体组织，说明我国在西汉时已相继采用了各种热处理技术并已具有相当高的水平。明代科学家宋应星所著《天工开物》一书，详细记载了冶铁、铸造、锻造、淬火等各种金属加工制造方法，是举世公认的世界上最早涉及材料及其成形方法的科学技术著作之一。在陶瓷及天然高分子材料(如丝绸)方面，我国也曾远销欧亚诸国，踏出了举世闻名的丝绸之路，为世界文明史添上了光辉的一页。19 世纪以来，机械工程材料获得了高速发展。到 20 世纪中期，金属材料的使用达到鼎盛时期，由钢铁材料所制造的产品约占机械产品的 95%。

1903 年世界上第一架飞机所用的主要结构材料是木材和帆布，飞行速度仅 16 km/h；1911 年硬铝合金研制成功，金属结构取代木布结构，使飞机性能和速度获得一个飞跃；喷气式飞机超过音速，高温合金材料制造涡轮发动机起到重要作用；当飞机速度达到 2～3 倍音速时，飞机表面温度会升到 300 ℃，飞机材料只能采用不锈钢或钛合金；至于航天飞机，机体表面温度会高达 1 000 ℃以上，只能采用高温合金材料及防氧化涂层。目前，玻璃纤维增强塑料、碳纤维高温陶瓷复合材料、陶瓷纤维增强塑料等复合材料在飞机、航天飞行器上已获得广泛应用。

二、机械工程材料的分类及其发展趋势

机械工程材料按其组成元素及原子间的结合特点不同可分为金属材料(指以金属元素为主构成并具有金属特性的固态物质，包括钢铁材料、非铁金属材料、粉末冶金材料)、有机高分子材料(以有机高分子化合物为主构成的材料，包括塑料、橡胶、合成纤维、胶粘剂等)、陶瓷材料(以金属和非金属元素的无机化合物所构成的材料)及复合材料(由几种不同材料通过复合工艺组合而成的新型材料)四大类，它们各自具有不同的性能特点，见表 1-1；若按机械工程材料的使用性能或用途特点，可分为结构材料(作为承力结构使用的材料)与功能材料(具有光、电、磁、热、声等特殊性能的材料)两大类。

由于金属材料工业已形成了庞大的生产能力，并且质量稳定，性能价格比具有一定的优势，所以金属材料仍占据着材料工业的主导地位。

表 1-1　　工程材料的原子间结合键及其性能特点

种类	结合键	熔点	弹性模量	强度、硬度	塑性韧性	导电性导热性	耐热性	耐蚀性	其他性能
金属材料	金属键	较高	较高	较高	良好（铸铁等除外）	良好	较高	一般	密度大，不透明，有金属光泽
高分子材料	共价键分子键	较低	低	较低	变化大	绝缘导热差	较低	高	密度小，热膨胀系数大，抗蠕变性能低，易老化，减摩性好
陶瓷材料	离子键共价键	高	高	抗压强度与硬度高，抗拉强度低	差	绝缘导热差	高	高	耐磨性好，热硬性高，抗热振性差
复合材料	取决于组成物	能克服单一材料的某些弱点，充分发挥材料的综合性能							

三、机械制造工艺流程

机械制造工艺是指将各种原材料、半成品加工成为机械产品的方法和过程。机械制造一般工艺流程如图 1-1 所示。

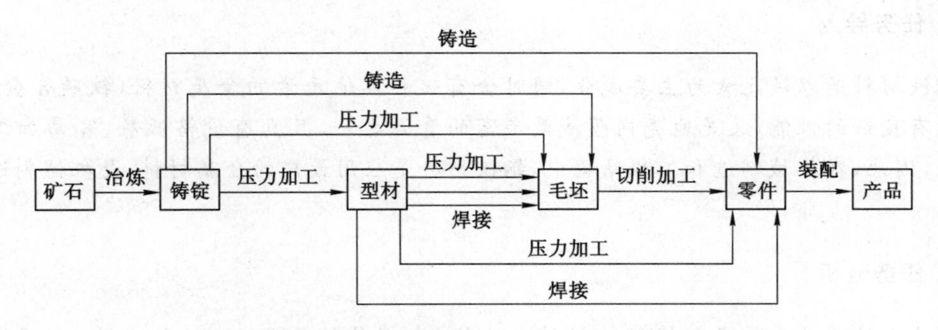

图 1-1　机械制造一般工艺流程图

机械工业生产的原材料主要是以钢铁为主的金属结构材料，既包括由冶金厂直接供应的棒、板、管、线材、型材等（经切割、焊接、冲压、锻造或下料后直接进行机械加工），也包括生铁、废钢、铝锭、电解铜板等（二次熔化后进行铸造或铸锭后锻造等）。随着机械工程材料结构的不断调整，各种特种合金、金属粉末、工程塑料、工程陶瓷和复合材料的应用比例也不断增大。

目前，机械产品更新换代的速度不断加快，对制造工艺提出了更高的要求。新能源、新材料、微电子、计算机等高新技术的不断引入，为新型加工方法的出现提供了技术储备。新型材料的出现，使传统的常规成形工艺如铸造、锻压、焊接、热处理、机械加工等的技术构成逐渐发生变化，也导致某些新型加工技术的产生和发展。

任务实施

(1) 机械工程材料按其组成特点分为金属材料、有机高分子材料、陶瓷材料和复合材料四大类。其中,金属材料目前占据着材料工业的主导地位。

(2) 金属毛坯的成形一般有铸造、锻造、冲压、焊接和轧材下料五种常用方法。

(3) 零件的机械加工是指采用切削、磨削和特种加工等方法,逐渐改变毛坯的形状、尺寸及表面质量,使其成为合格零件的过程。

思考与练习

(1) 试举出你所了解的反映我国古代在材料方面成就的例子。

(2) 说明机械工程材料在机械制造过程中的作用和地位。

(3) 简述机械制造一般工艺流程。

任务二　机械工程材料的生产过程

【知识要点】 高炉炼铁;炼钢;钢的浇铸;钢的压力加工。

【技能目标】 熟悉钢铁冶炼的基本过程与基本原理;了解钢的铸锭方法及其特点;了解常用冶金产品的种类及其生产方法。

任务导入

钢铁材料是以铁元素为主要成分,同时含有碳和其他元素的金属材料(铁碳合金)。由于铁具有良好的性能,又是地壳内蕴藏最丰富的资源之一,且具有价格低廉、容易加工成形等特点,因此,在机械制造和工程结构中,钢铁材料是应用最广的金属材料,是机械制造业的支柱。

任务分析

工业上按碳的含量多少将钢铁材料分为钢(含碳量低于2.11%)和生铁(含碳量大于2.11%)两大类。现代钢铁联合企业的生产流程是:高炉炼铁→铁水预处理→氧气转炉炼钢→炉外精炼→连铸→钢坯热装热送→连轧。

钢材的一般生产流程如图1-2所示。

相关知识

一、高炉炼铁

自然界中的铁多以各种氧化物(如Fe_3O_4、Fe_2O_3等)的形式存在于铁矿石(含铁量大于30%就有开采价值)中,通过铁矿勘探→采矿→矿石破碎→选矿→精矿粉烧结和球团化→高炉炼铁等过程生产出生铁水。高炉炉体结构如图1-3所示,炼铁的主要任务就是把铁矿石中的铁从其氧化物中还原出来,并与脉石(除铁外其他元素的氧化物,如SiO_2、MnO、Al_2O_3等)分离,从而获得一定成分的生铁。

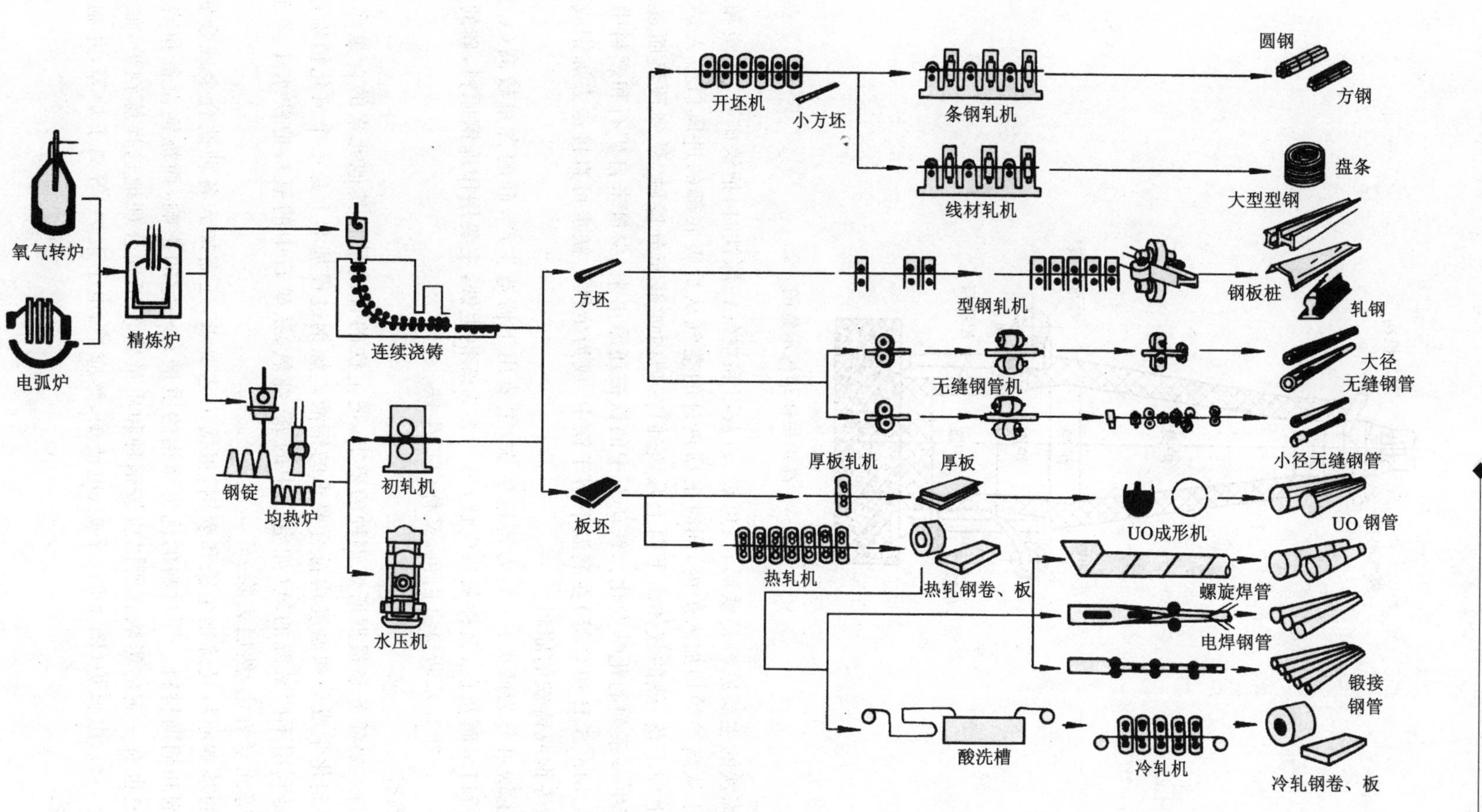

图1-2　钢材的生产流程示意图

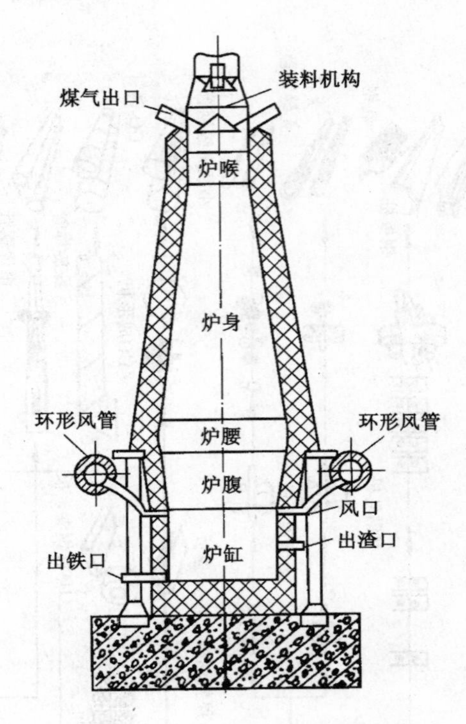

图 1-3 高炉炉体结构示意图

高炉炼铁的主要原料是铁矿石、焦炭、石灰石和空气。炼铁时，把铁矿石、焦炭和石灰石按一定配比从高炉炉顶加入炉内，同时把预热过的空气从炉腹底部的进风口鼓入炉内。因为炉料由上向下落，热的气体由下向上升，它们在炉内能够充分接触，受到预热而逐渐升高温度，并产生一系列的化学变化。铁矿石中的铁被还原出来，少量来自矿石和燃料中的杂质元素(如 Si、Mn、S、P 和 C 等)在高温下溶于铁中，成为生铁。铁水可直接送去炼钢或铸成生铁块，作为炼钢或铸铁的原料。

高炉生铁可分为两类：一类为铸造生铁，主要用于铸造生产，硅的含量较高(1.25%～3.75%)，断口呈暗灰色，又称灰口生铁；另一类为炼钢生铁，主要用作炼钢原料，硅的含量较低(0.60%～1.75%)，断口呈白色，又称白口生铁。

二、炼钢

炼钢的主要任务是根据所炼钢种的要求，把生铁的含碳量和其他元素的含量降低到规定范围，得到化学成分和温度均符合要求的钢液。炼钢过程基本上是一个氧化精炼过程，其基本原理是利用不同来源的氧(如空气中的氧、纯氧、铁矿石中的氧)，把铁水中多余的 C、Si、Mn、P 等元素氧化，然后去除。

炼钢的基本原料是炼钢生铁和废钢，根据工艺要求，还需加入各种铁合金或金属，以及各种造渣剂和辅助材料。原材料的优劣对钢的质量有一定的影响，而炼钢设备和冶炼工艺对钢的性能也有一定的影响。所以应按钢种和质量要求正确合理地选择炼钢炉，如氧气顶吹转炉(图 1-4)、电弧炉(图 1-5)、平炉、电渣炉、感应炉、电子束炉、等离子炉等，并制订相应的冶炼工艺。

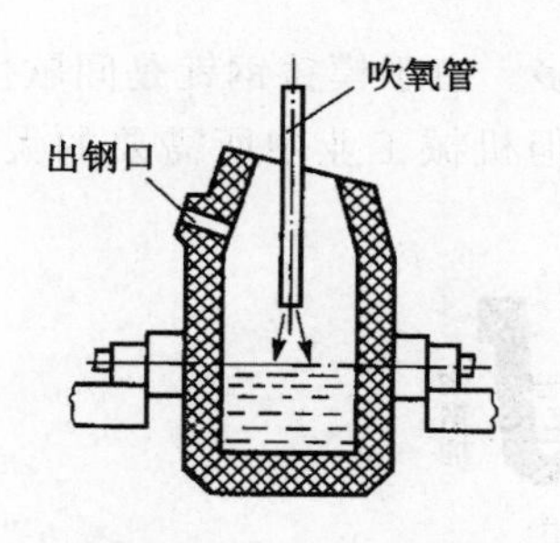

图 1-4　氧气顶吹转炉示意图

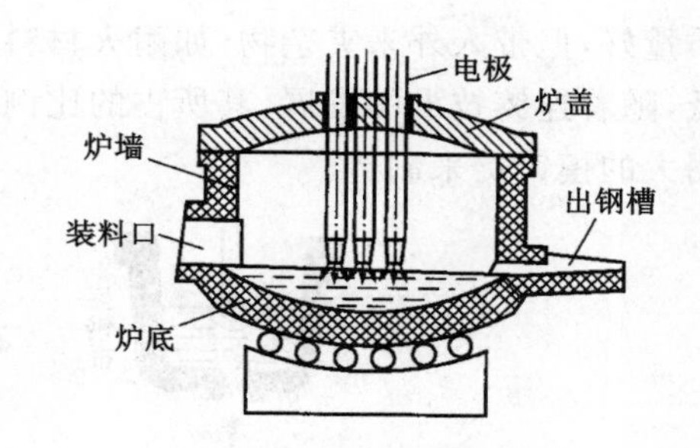

图 1-5　电弧炉构造示意图

现代炼钢工艺中，几种主要炼钢炉只是作为初炼炉，其主要功能是完成熔化和初调钢液成分、温度，而钢的精炼和合金化是在炉外精炼装备中完成的。炉外精炼是提高钢材内在质量、保证连铸机正常运行的关键技术，多种炉外精炼技术可实现脱碳、脱硫、脱磷、脱氧、去除微量有害杂质和夹杂物变性等功能。

脱氧工艺及钢水脱氧程度与钢的凝固结构及钢材性能、质量有密切关系。若加入足够数量的强脱氧剂（如 Si、Al），使钢水脱氧良好，在钢锭模内凝固时不产生 CO 气体，钢水保持平静，这样生产的钢称为镇静钢。如果控制脱氧剂种类（主要是 Mn）和加入量使钢水中残留一定量的氧，在凝固过程中形成 CO 气泡逸出而产生沸腾现象，这样生产的钢称为沸腾钢。脱氧程度介于镇静钢和沸腾钢之间的钢，称为半镇静钢。三类钢的钢锭内部结构如图 1-6 所示。

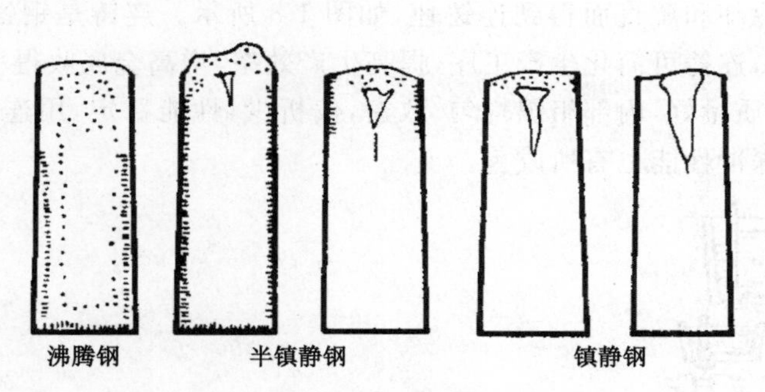

图 1-6　三类钢锭内部结构示意图

镇静钢的成分和性能比较均匀，组织比较致密，质量较好，大多数机械制造用钢都使用镇静钢；沸腾钢内部杂质较多，化学成分不均匀，且有许多小气泡，虽经热轧后可以焊合，但质量仍不如镇静钢。

三、钢的浇铸

炼钢得到的钢液，除少数直接铸成零件毛坯——铸钢件外，绝大部分是先浇铸成钢锭，然后再通过轧制等压力加工方法，制成钢材或大型锻件。

钢的浇铸分为模铸和连铸。

（一）模铸法

模铸是将钢水注入钢锭模内，待凝固脱模后成为钢锭。模铸分为上铸法和下铸法两种，其浇铸方法如图 1-7 所示。上铸法的工艺操作简单，外来夹杂物少，钢水收得率高，但浇注时钢水飞溅影响钢锭的表面质量，增加修磨工作量。下铸法钢水在模内平稳上升，钢锭的表面质量好,但带入外来夹杂物(如耐火材料微粒)的机会多。由于模铸钢锭是间歇生产,生产率低,随着连铸技术的发展,其所占的比例将逐渐减小,但机械工业中所需要的大型锻件仍需用大的模铸锭来制造。

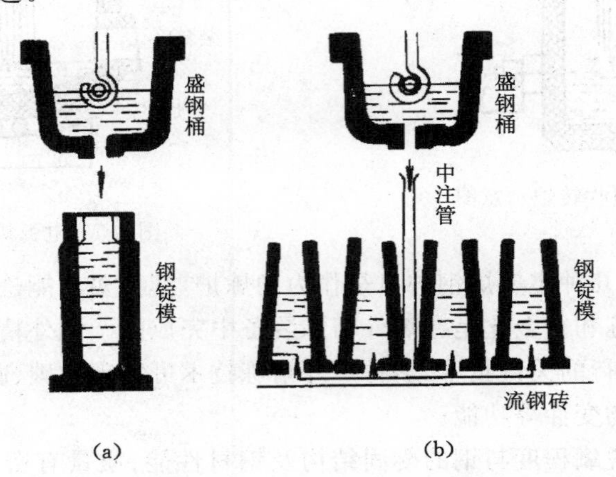

图 1-7 模铸示意图

(a) 上铸法;(b) 下铸法

(二) 连铸法

连铸是将钢水从钢包经过中间包浇入连铸机的结晶器中,从结晶器的另一端连续拉出钢锭,再经过二次冷却和矫直而得到连铸坯,如图 1-8 所示。连铸是钢铁工业发展的趋势,和传统的模铸相比,连铸可简化生产工序,提高生产效率,增高金属收得率,直接热送轧制以降低能耗。连铸坯质量好,内部组织均匀、致密,偏析少,性能稳定,用连铸坯轧出的板材横向性能优于模铸,深冲性能也有所改善。

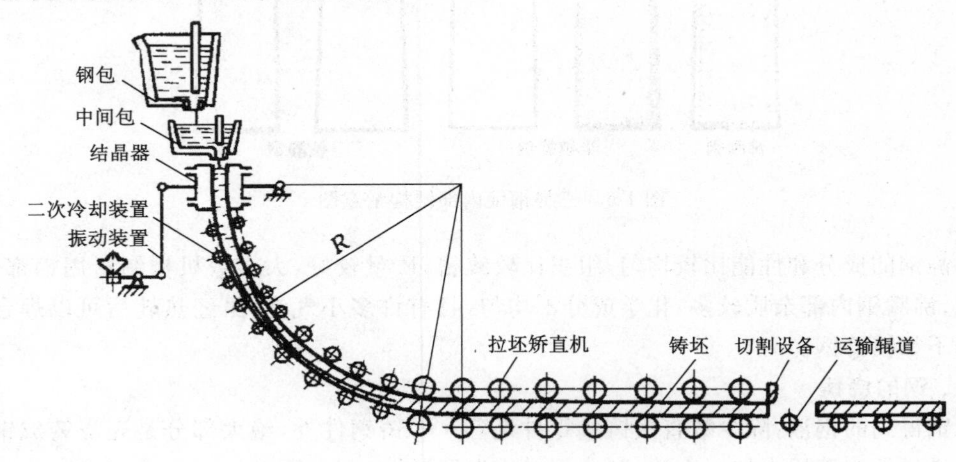

图 1-8 弧形连铸机铸钢法示意图

四、钢的压力加工

钢锭或连铸坯经过轧制等压力加工方法可得到各种形状和规格的钢材(称为冶金加工产品)。塑性变形有助于消除铸态组织(金属由液态冷凝形成的组织)中的粗晶粒、孔隙和疏松，并能减轻偏析。经热压力加工的钢材其塑性优于铸态。

生产钢材的压力加工方法主要有轧制、拉拔、挤压等，如图 1-9 所示。

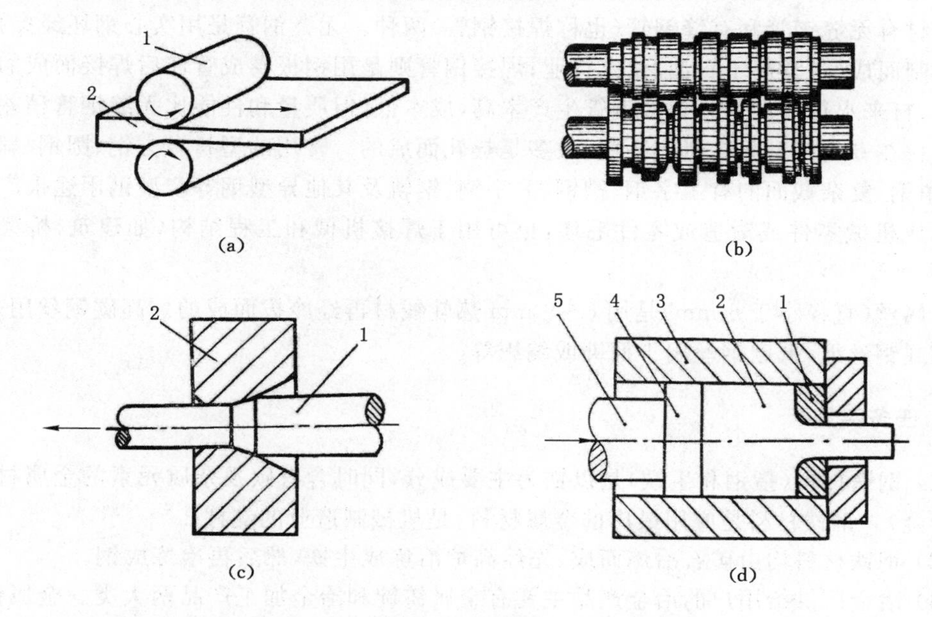

图 1-9　压力加工方法示意图

(a) 板材、带材轧制示意图：1——光轧辊；2——钢坯。

(b) 型材轧制示意图(型槽轧辊及其孔型)。

(c) 冷拉示意图：1——坯料；2——冷拉模。

(d) 挤压示意图：1——挤压模；2——坯料；3——挤压筒；4——挤压垫；5——挤压棒

常用的钢材规格有板材、带材、管材、型材和金属丝等几大类，如图 1-10 所示。

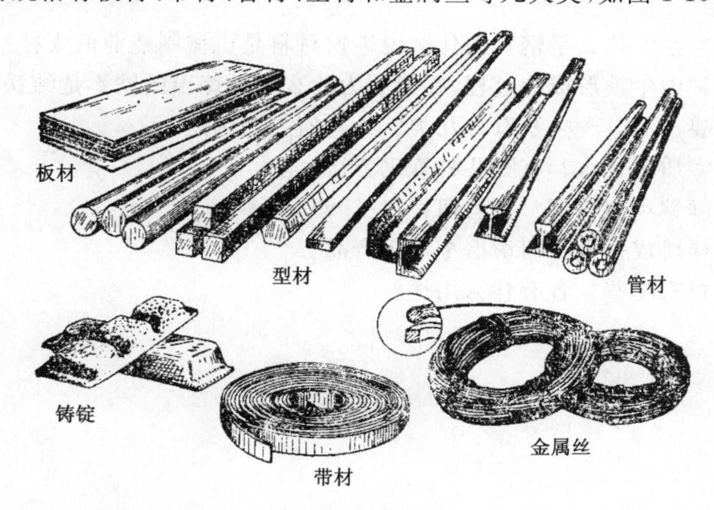

图 1-10　常用冶金产品

板材一般分为厚板(＞4 mm)和薄板(≤4 mm)，又分为冷轧板和热轧板，常用于造船、锅炉和压力容器的制造。

带材的厚度较薄(一般不大于几毫米),宽度较窄(不大于几百毫米),而长度很大(可达10 m以上),许多零件都可用带材直接加工制成。

管材有无缝钢管和有缝钢管(也称焊接钢管)两种。无缝钢管是用实心钢坯经穿孔机穿孔后轧制而成的,常用于石油、化工行业;焊接钢管则是用钢板卷成管坯后焊接而成的,供煤气公司、自来水行业使用。焊接钢管生产率高,成本低,但质量和性能比无缝钢管稍差。

型材在专门的型材轧机上轧制,大多是热轧而成的。常用的型材有方钢、圆钢、扁钢、角钢、六角钢,复杂截面的有工字钢、槽钢、T字钢、钢轨及其他异型钢等。型钢用途很广,可直接切削成机械零件或锻造成零件毛坯,也可用于焊接机械和工程结构(如建筑、桥梁、车辆等)。

金属丝(直径小于6 mm)是用6～9 mm热轧线材再经冷拔而成的。高碳钢丝用来制作小弹簧或钢丝绳,低碳钢丝用于捆绑或编织等。

任务实施

(1) 钢铁材料(指钢和生铁)是以铁为主要成分,同时含有碳及杂质元素的金属材料(即铁碳合金)。钢铁材料是应用最广的金属材料,是机械制造业的支柱。

(2) 钢铁材料均由矿石冶炼而成,先经高炉冶炼成生铁,然后再冶炼成钢。

(3) 冶金厂供给用户的冶金产品主要有金属铸锭和冶金加工产品两大类。金属铸锭是用冶炼成一定化学成分的金属浇铸成的铸锭(如铸造生铁锭、青铜铸锭、铸铝锭等),一般供用户重新熔化后铸造零件毛坯用。冶金加工产品是将冶炼成一定化学成分的金属浇铸成锭后,再经轧制等压力加工方法加工成的各种规格的金属料,常用冶金加工产品有板材、带材、管材、型材和线材等几大类。

思考与练习

(1) 什么是生铁?什么是钢?为什么说钢铁材料是机械制造业的支柱?

(2) 简述高炉内生铁形成的过程,并说明为什么高炉炼出的铁不是纯铁而是生铁。

(3) 高炉主要产品——生铁有哪几类?各有何主要用途?

(4) 炼钢的实质是什么?有哪几种炼钢方法?

(5) 何谓镇静钢和沸腾钢?各有何特点?

(6) 钢液怎样铸成钢锭?何谓冶金加工产品?

(7) 常用钢材有哪些?各有什么用途?

项目二 金属材料的性能

机械零件或工具在使用过程中要承受或传递载荷(外力),彼此间往往有相对运动,有的还要受到温度或介质的作用。为保证零件正常工作,金属材料必须具备相应的使用性能,包括力学性能、物理性能和化学性能等。此外,为适应零件制造过程中各种冷、热加工工艺的需要,金属材料还应具有良好的工艺性能,包括铸造性能、压力加工性能、焊接性能、切削加工性能和热处理性能等。

在生产实践中,往往由于选材不当造成机械达不到使用要求或过早失效,因此了解和熟悉金属材料的性能成为合理选材、充分发挥材料潜力的重要依据。

本项目共分三项基本任务。

任务一 金属材料的力学性能

【知识要点】 强度、塑性及其测定;硬度及其测定;冲击韧性及其测定;疲劳强度及其测定。

【技能目标】 了解金属材料各力学性能指标的测定原理;熟悉各力学性能指标的含义及其应用;根据拉伸曲线比较不同金属材料的强度、塑性,分析材料的承载能力;根据材料的性能特点,正确选用硬度测试方法;根据力学性能指标合理选用金属材料。

任务导入

掌握金属材料的力学性能是设计零件、选用材料时的重要依据,根据材料性能的状况确定该材料能否满足机件的要求。材料的力学性能指标也是控制材料质量的重要参数,每种金属材料,除了规定其化学成分范围外,还必须对其力学性能作详细的规定。只有达到所规定的性能指标的材料才算是合格的,才能作为制造各类机械零件的原材料。

任务分析

机械零件在加工或使用过程中,都要受到不同形式载荷(如静载荷、冲击载荷、交变载荷)的作用。如柴油机的连杆在工作时不仅受到拉力和压力的作用,还要受冲击力的作用;起重机上的钢丝绳则要受到悬吊物体的重力作用。因此要求金属材料应具有在载荷作用下的抵抗能力,即力学性能(也称机械性能)。随着外加载荷性质的不同,衡量金属材料力学性能的指标也不同,常用的有强度、塑性、硬度、冲击韧性和疲劳强度等。

相关知识

一、强度、塑性及其测定

强度是指金属材料在静载荷(指大小不变或变化缓慢的载荷)作用下,抵抗变形(包括弹性变形、塑性变形)和断裂的能力。金属材料的强度越高,所承受的载荷越大。按照载荷作用方式不同(如拉伸、压缩、弯曲、扭转、剪切等),强度可分为抗拉强度、抗压强度、抗弯强度、抗扭强度和抗剪强度等。工程上常以抗拉强度作为强度指标。

塑性是指金属材料在载荷作用下,产生塑性变形(即永久变形)而不断裂的能力。塑性好的材料,在受力过大时,首先产生塑性变形而不致发生突然断裂。

金属材料的强度与塑性指标可通过静拉伸试验测定。

(一)静拉伸试验

1. 拉伸试样

如图 2-1(a)所示为常用的标准圆形拉伸试样。图中 d_0 为试样原始直径(mm),L_0 为试样原始标距长度(mm)。根据国标,圆形拉伸试样一般分为长试样($L_0=10d_0$)和短试样($L_0=5d_0$)两种,试验时优先选取短试样。

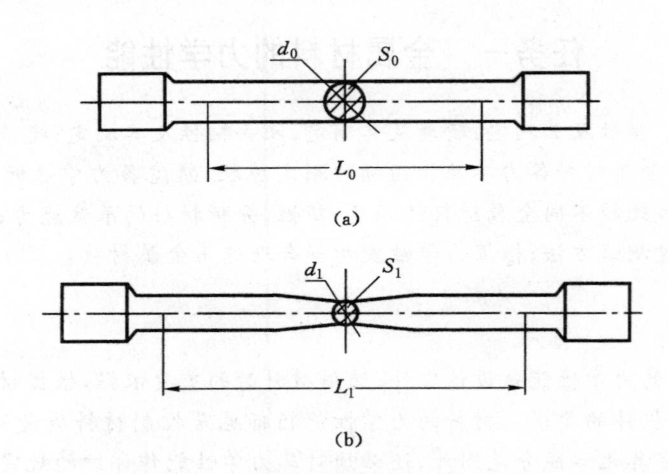

图 2-1 圆形拉伸试样示意图

(a) 拉伸前;(b) 拉伸后

2. 拉伸曲线

试验时,将试样安装在拉伸试验机上,缓慢施加轴向拉伸力,试样逐渐伸长,直至拉断,如图 2-1(b)所示。在拉伸试验过程中,试验机可自动记录“载荷(F)与伸长量(ΔL)”的关系曲线(称为拉伸曲线),用以测定试样的强度、塑性指标。

图 2-2 所示为低碳钢的拉伸曲线。由图可知,低碳钢试样在拉伸过程中,其载荷与伸长量的关系可分为以下几个阶段:弹性变形阶段(Oe 段)→微量塑性变形阶段(es 段)→屈服阶段(ss' 段)→大量均匀塑性变形阶段($s'b$ 段)→缩颈及断裂阶段(bk 段)。

(二)强度与塑性的主要指标

由拉伸试验测得的强度、塑性指标见表 2-1。

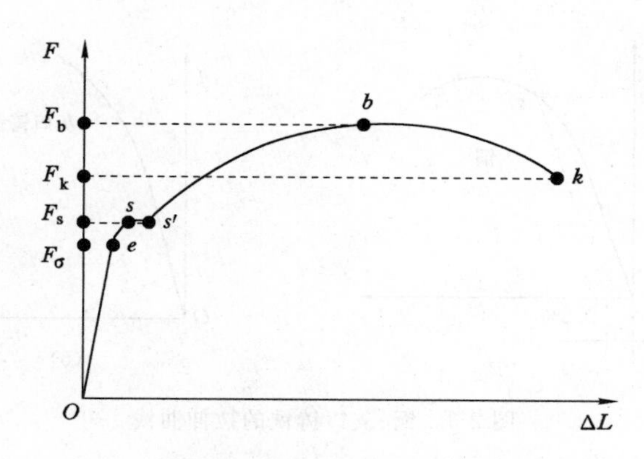

图 2-2　低碳钢的拉伸曲线

表 2-1　强度与塑性的主要指标

名称	符号	单位	指标值的确定方法	物理意义	工程意义
屈服强度（屈服极限）	σ_s	MPa	$\sigma_s=\frac{F_s}{S_0}$	材料对开始产生明显塑性变形的抗力	韧性材料零件设计、选材的主要依据
抗拉强度（强度极限）	σ_b	MPa	$\sigma_b=\frac{F_b}{F_s}$	材料对最大均匀塑性变形的抗力	脆性材料零件设计、选材的主要依据
延伸率（伸长率）	δ	%	$\delta=\frac{L_1-L_0}{L_0}\times 100\%$	材料断裂前产生塑性变形的能力	为避免零件脆断，材料应具有一定塑性
断面收缩率	ψ	%	$\psi=\frac{S_0-S_1}{S_0}\times 100\%$		

注：F_s——试样屈服时的载荷（N）；F_b——试样拉断前承受的最大载荷（N）；S_0——试样原始横截面积（mm^2）；S_1——试样拉断后缩颈处最小横截面积（mm^2）；L_0——试样原始标距长度（mm）；L_1——试样拉断后的标距长度（mm）。

大多数金属材料没有明显的屈服现象，难以测定其σ_s。图 2-3 所示为铜、灰口铸铁的拉伸曲线。由图可见，铜在断裂前能发生大量塑性变形，但曲线上不出现屈服阶段；而灰口铸铁在断裂前不产生明显塑性变形。工程上规定，对于拉伸试验中无明显屈服现象发生的材料，把试样产生 0.2%塑性变形时的应力值，作为其条件屈服强度，用$\sigma_{0.2}$表示。即：

$$\sigma_{0.2}=\frac{F_{0.2}}{S_0}$$

σ_s或$\sigma_{0.2}$都代表材料对开始产生明显塑性变形的抗力。对于大多数零件而言，过量的塑性变形就意味着零件的尺寸精度下降或与其他零件的相互配合精度受到影响，因而会造成零件失效。σ_s或$\sigma_{0.2}$值越高，表示其抵抗塑性变形的能力越大，允许的工作应力越高，零件的截面尺寸及自身质量就可以减小。因此，σ_s（或$\sigma_{0.2}$）是零件设计、选材的主要依据之一。

金属材料的σ_s/σ_b称为屈强比。屈强比值越小，零件或结构的安全可靠性越高，但材料强度的有效利用率越低；屈强比值过大，说明材料的σ_s接近σ_b，虽然材料强度的利用率高，但使用时容易发生突然断裂，安全可靠性降低。因此选材时应选择适当的屈强比，以

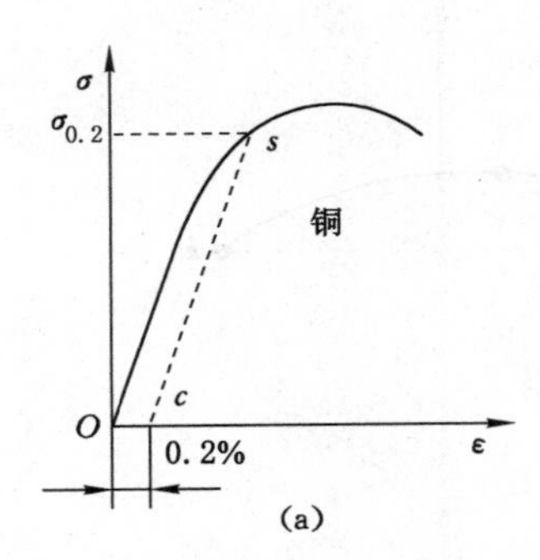

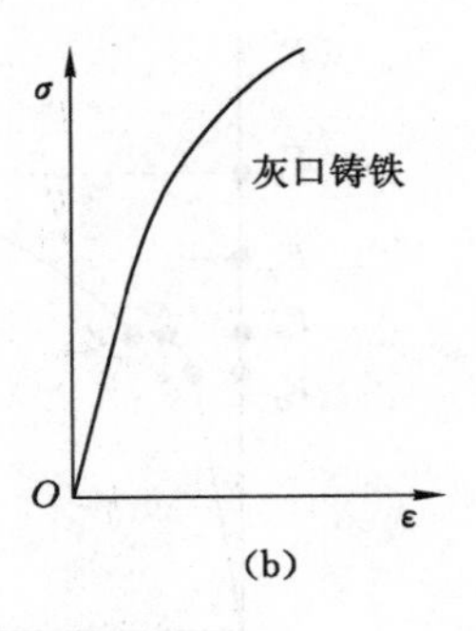

图 2-3 铜、灰口铸铁的拉伸曲线

增加零件或结构使用的安全可靠性，如轴类零件一般选 0.65～0.75 较为理想。

二、硬度及其测定

硬度是指金属材料抵抗其他硬物压入其表面的能力。它反映了材料抵抗局部塑性变形的能力，是一项综合性能指标。通常，硬度越高，材料表面抵抗塑性变形的能力越大，材料产生塑性变形就越困难，耐磨性(指材料抵抗磨损的能力)越好，故常将硬度值作为衡量材料耐磨性的重要指标之一。

生产中最常用的硬度测试方法是压入法：在静压力作用下，将一定压头压入被测金属材料表层，停留一定时间后去除，然后根据压痕的面积大小或深度测定其硬度值。根据压头、压力的不同，常用的硬度指标有布氏硬度、洛氏硬度和维氏硬度。

(一) 布氏硬度

布氏硬度试验原理如图 2-4 所示。采用直径 D(常用 10 mm、5 mm、2.5 mm)的球体作压头，在静压力(F)作用下压入试样表面，保持规定时间(t)后去除。测量球形压痕直径 d，然后以压痕单位表面积上所受的静压力作为被测材料的布氏硬度值，用符号 HB 表示，单位为 kgf/mm^2(1 kgf＝9.806 65 N，习惯上只写明数值，而不标出单位)。即：

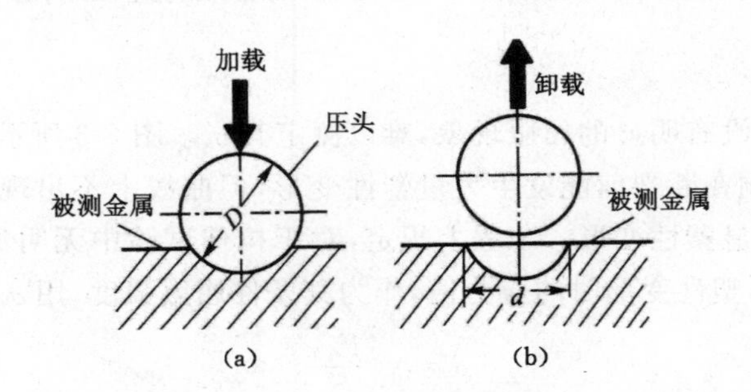

图 2-4 布氏硬度试验原理图

(a) 加载；(b) 卸载

$$HB = \frac{F}{S} = \frac{2F}{\pi D(D - \sqrt{D^2 - d^2})}$$

在进行布氏硬度试验时，D、F 和 t 应根据被测材料的种类和试样厚度，按表 2-2 所列试验规范进行选择。

表 2-2　　　　　　　　　　布氏硬度试验规范

材料种类	布氏硬度值 HBS(HBW)	F/D^2	加载保持时间/s
钢及铸铁	＜140	10	10～15
	≥140	30	
铜及铜合金	＜35	5	60
	35～130	10	30
	＞130	30	30
轻金属及其合金	＜35	2.5	60
	35～80	10	30
	＞80	10	30
铅、锡		1.25	

注：当试验条件允许时，应尽量选用直径为 10 mm 的压头；载荷的法定计量单位应为 N，但硬度试验机上所加载荷的单位为 kgf，为便于应用硬度数据，此单位本书仍沿用。

实际测试时，HB 值一般不用计算，而是用专用的刻度放大镜测出压痕直径 d 后，从布氏硬度表中查出相应的 HB 值即可。标注时，硬度值应写在布氏符号 HB 前面，在 HB 后注明所用压头种类（S——淬火钢球压头；W——硬质合金球压头）。除了采用 $D=10$ mm，$F=3\ 000$ kgf，$t=10\sim15$ s 的试验条件外，在其他试验条件下测得的硬度值，应在符号 HBS 或 HBW 后面用相应数字注明 D、F、t（10～15 s 不标）。例如：120HBS10/1000/30 即表示用 10 mm 直径的淬火钢球，在 1 000 kgf 的载荷作用下保持 30 s 后所测得的布氏硬度值为 120。

布氏硬度压痕面积大，能反映较大范围内被测材料的平均硬度，测量数据稳定、准确，但压痕较大，不宜测定成品和较薄工件的硬度。此外，由于操作时间较长，对不同材料需要不同压头和压力，压痕直径测量较费时，在进行高硬度材料试验时，球体本身的变形会使测量结果不准确，因此，布氏硬度测试适于 HBS＜450（或 HBW＜650）的金属材料，如灰铸铁、有色金属，以及经退火、正火和调质处理的钢材等。

（二）洛氏硬度

洛氏硬度试验原理如图 2-5 所示。采用顶角为 120°的金刚石圆锥体（或直径为 1.588 mm 的淬火钢球）作压头，先施加初载荷（10 kgf），以保证压头与试样表面紧密接触，再施加主载荷，停留一定时间后将主载荷去除。根据试样表面压痕深度（h），确定被测材料的洛氏硬度，用符号 HR 表示。即：

$$\mathrm{HR}=C-\frac{h}{0.002}$$

式中　C——常数（使用金刚石压头时，$C=100$；使用钢球压头时，$C=130$）。

h——压头在主载荷作用下实际压痕深度，mm。

0.002——一个洛氏硬度单位，mm。

可见，洛氏硬度值 HR 为一无名数，其值可从硬度计表盘上直接读出，一般不需计算。为了能用一种硬度计测定较大硬度范围的材料，洛氏硬度常采用 A、B、C 三种标尺，其试验条件及应用规范见表 2-3。标注时，硬度值应写在洛氏符号 HR 前面，在符号 HR 后面用字

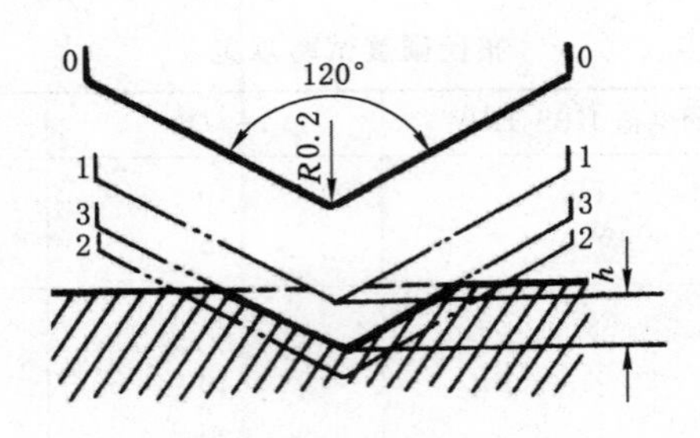

图 2-5 洛氏硬度试验原理图

0——压头没有与试样接触时的位置；1——压头在初载荷作用下压入试样的位置；
2——压头在总载荷作用下压入试样的位置；3——去除主载荷后弹性变形恢复使压头回升的位置；
h——压头在主载荷作用下实际压入试样的深度(mm)

母表示出所用标尺。例如，60HRC 即表示用洛氏 C 标尺测定的硬度值为 60。

表 2-3 洛氏硬度试验条件及应用规范

标尺	压头类型	总载荷/kgf	硬度值有效范围	应用
HRA	120°金刚石圆锥体	60	70～85	硬质合金、表面淬火层或渗碳层
HRB	ϕ1.588 mm 淬火钢球	100	25～100	有色金属、退火或正火钢等
HRC	120°金刚石圆锥体	150	20～67	淬火钢、调质钢等

注：总载荷＝初载荷(10 kgf)＋主载荷。

常用工具和钢材的硬度值见表 2-4。

表 2-4 常用工具和钢材的硬度

名称	一般硬度(HRC)
切削金属的刀具(如锉刀、钻头、钢车刀等)	60～65
冷冲模的凸模、凹模	58～62、60～64
钳工榔头	52～56
菜刀、剪刀、斧头等的刃口部分	50～55
扳手、螺丝刀工作部分、弹簧钢片	43～48
钢材(材料供应状态)	大多为 130HBS～230HBS(相当于 20HRC 以下)

洛氏硬度试验操作简便迅速，效率高，测量硬度范围大，且压痕小，对金属表面的损伤小，可以直接测量成品件或较薄工件的硬度。但对于内部组织和硬度不均匀的材料，所测结果不如布氏硬度准确、稳定，因此需在试件不同部位测定三点或三点以上，取其算术平均值。

(三) 维氏硬度

维氏硬度试验原理如图 2-6 所示。采用相对面夹角为 136°的金刚石正四棱锥体压头，在载荷 F(5～100 kgf)作用下压入试件表面，停留一定时间后去除，测量四方锥形压痕对角线 d，以压痕单位面积上所受的载荷作为维氏硬度值，用符号 HV 表示，单位为 kgf/mm^2(习惯上只写明数值，而不标出单位)。即：

$$HV = \frac{F}{S} = 1.854\,4\frac{F}{d^2}$$

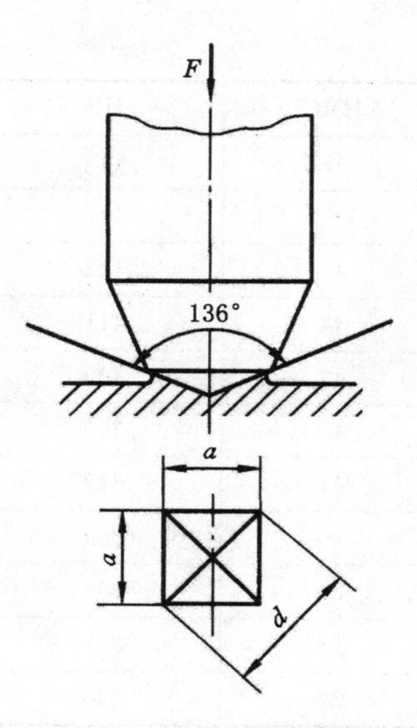

图 2-6　维氏硬度试验原理图

实际测试时，维氏硬度同布氏硬度一样不需计算，而是根据压痕对角线 d 从维氏硬度表中查出。标注时，硬度值应写在维氏符号 HV 的前面，在 HV 后面依次用相应数字注明载荷和载荷保持时间（10～15 s 不标）。例如，640HV30/20 表示在 30 kgf 载荷作用下，保持 20 s 测得的维氏硬度值为 640。

维氏硬度试验可采用统一的硬度指标，测量从极软到极硬材料的硬度，测量范围宽（8HV～1 000HV）。因所加载荷小，压痕浅，轮廓清晰，测量数据准确，特别适于测定极薄试样或表面薄硬层的硬度。其缺点是测量较为烦琐，对试样表面质量要求较高，不宜用于成批产品的常规检验。

各种硬度试验法测得的硬度值不能直接比较，必须通过专门的换算表（表 2-5）换算成同一种硬度值后，方能比较其大小。

表 2-5　　　　几种常用硬度值的换算

HRC	HB	HV	HRC	HB	HV
65	—	798	36	331	339
64	—	774	35	322	329
63	—	751	34	314	321
62	—	730	33	306	312
61	—	708	32	298	304
60	—	687	31	291	296
59	—	666	30	284	289
58	—	645	29	277	281
57	—	625	28	270	274
56	—	605	27	263	267
55	538	587	26	257	260
54	526	559	25	251	254
53	515	551	24	246	247
52	503	535	23	240	241
51	492	520	22	235	235
50	480	504	21	230	229
49	469	489	20	225	224
48	457	475	(19)	221	218

续表 2-5

HRC	HB	HV	HRC	HB	HV
47	445	461	(18)	216	213
46	433	448	(17)	212	208
45	422	435	(16)	208	203
44	411	423	(15)	204	198
43	400	411	(14)	200	193
42	390	400	(13)	196	189
41	379	389	(12)	192	184
40	369	378	(11)	188	180
39	359	368	(10)	185	176
38	349	358	(9)	181	172
37	340	348	(8)	177	168

由表 2-5 可以看出，各种硬度之间存在着近似的换算关系，例如在 200HB～600HB 范围内时，1HRC≈0.1HB；当 HB 小于 450 时，1HB≈1HV。

此外，由于硬度反映了材料表面抵抗局部塑性变形的能力，材料的强度越高，塑性变形抗力越高，硬度也就越高，因此硬度值与抗拉强度之间也存在某种近似关系：退火低、中碳钢 σ_b≈3.62HB；调质中碳钢 σ_b≈3.45HB；调质合金钢 σ_b≈3.25HB；等等。

三、冲击韧性及其测定

以较高速度作用于零件上的载荷称为冲击载荷。金属材料抵抗冲击载荷作用而不破坏的能力称为冲击韧性。实际生产中，零件承受的冲击有大能量的一次或数次冲击以及小能量的多次冲击，其冲击性能应分别采用冲击韧性与多冲抗力指标来衡量。

（一）摆锤式一次冲击试验

冲击韧性是衡量材料抵抗大能量一次或数次冲击载荷能力的指标，通常采用摆锤式一次冲击试验（图 2-7）进行测定。试验时，将带有缺口（V 形或 U 形）的标准冲击试样，背向摆锤下落方向放置在试验机的支座上，然后使具有一定重量（G）的摆锤从规定高度（H）自由落下，将试样冲断后向另一方向继续上升至 h 高度。根据功能原理，摆锤冲断试样所消耗的功（称为冲击功）$A_k=G(H-h)$，单位为 J。冲击功 A_k 可从试验机的表盘上直接读出。用冲击功 A_k 除以试样缺口处的横截面积 S，即得到材料的冲击韧性值，用符号 a_k 表示，单位为 J/cm^2。即：

$$a_k=\frac{A_k}{S}$$

a_k（或 A_k）越大，表示金属材料的冲击韧性越好，受冲击时不易断裂。一般把 a_k（或 A_k）值低的材料称为脆性材料，把 a_k（或 A_k）值高的材料称为韧性材料（或塑性材料）。脆性材料在断裂前无明显的塑性变形，断口较平整，有金属光泽；韧性材料在断裂前有明显的塑性变形，断口呈纤维状，无光泽。

（二）温度对冲击韧性值的影响

a_k（或 A_k）值主要取决于材料的塑性，并与试验温度有关。实践证明，有些材料在室温时并不显示脆性，而在较低温度下则可能发生脆断，这一现象称为冷脆现象。温度对 a_k（或 A_k）值的影响如图 2-8 所示。

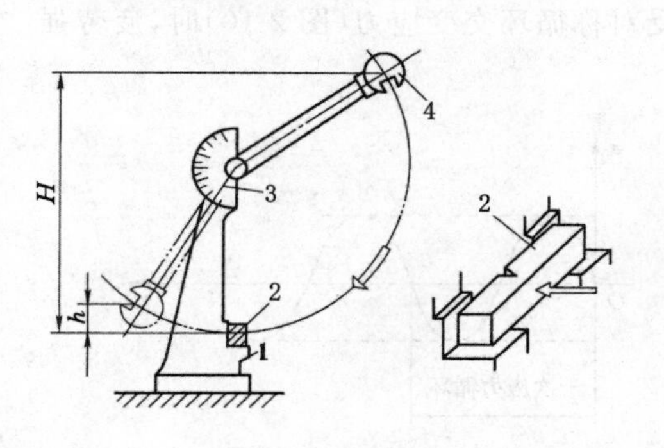

图 2-7 摆锤式一次冲击试验原理图

1——支座；2——试样；3——表盘；4——摆锤

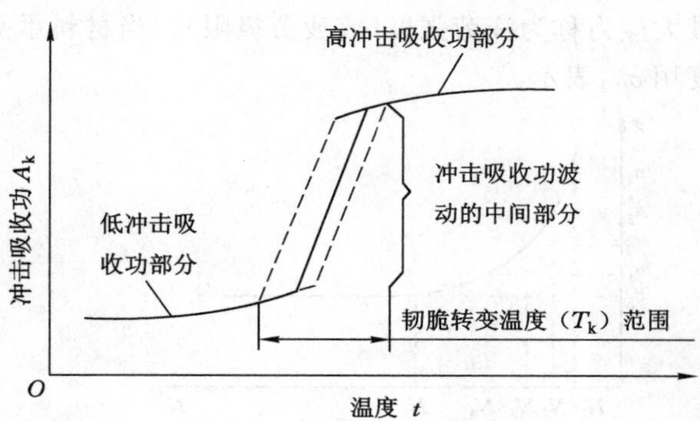

图 2-8 温度对 a_k（或 A_k）值的影响

由图 2-8 可知，a_k（或 A_k）值随试验温度的下降而减小，当试验温度低于某一温度范围时，a_k（或 A_k）值急剧下降而呈脆性，该温度范围称为韧脆转变温度范围，用 T_k 表示。T_k 是金属材料的质量指标之一。T_k 值越低，说明材料的低温冲击性能越好。普通碳钢的 T_k 值大约是 -20 ℃，这就是某些车辆、桥梁、输送管道在我国东北地区易发生脆断的原因。

长期的生产实践证明，a_k（或 A_k）值对金属材料的内部结构、缺陷等具有较大的敏感性，在冲击试验时很容易揭示出金属材料中的某些物理现象，如晶粒粗化、冷脆、热脆和回火脆性等，故目前常用冲击试验来检验冶炼、热处理以及加工工艺的质量。

在工程实际中，承受冲击载荷的零件很少因一次大能量冲击而发生破坏，绝大多数是在小能量多次冲击作用下而破坏的。如凿岩机风镐上的活塞、冲模的冲头等，其破坏是由于多次冲击损伤的积累，而导致裂纹的产生与扩展的结果，根本不同于一次大能量冲击的破坏过程。在这种情况下，用 a_k 值来衡量材料的抗冲击能力是不合理的，而应进行多次重复冲击试验测定其多冲抗力。

大量实践证明，材料的多冲抗力取决于其强度和塑性的综合性指标。当冲击能量大时，材料的多冲抗力主要取决于其塑性；当冲击能量小时，则主要取决于其强度。

四、疲劳强度及其测定

许多机械零件，如主轴、连杆、齿轮、弹簧、滚动轴承等，都在交变载荷下工作，即载荷的大小、方向随时间呈周期性变化。零件在交变载荷的长期作用下，即使所承受的应力远低于材料的屈服强度，也会突然发生断裂，这种现象称为金属的疲劳。无论是脆性材料还是韧性材料，疲劳断裂都是突然发生的，事先无明显的塑性变形，很难观察到，因此具有很大的危险性，往往引发重大事故。据统计，在机械零件的失效中大约有 80% 以上是疲劳引起的。

（一）疲劳曲线与疲劳强度

金属材料疲劳抗力指标是由疲劳试验测得的。通过疲劳试验，把被测材料承受的交变应力 σ 与其断裂前的应力循环次数 N 的关系曲线称为疲劳曲线，如图 2-9 所示。从疲劳曲线可以看出，应力值越低，材料断裂前能够承受的循环次数越多。当应力降到某一数值时，疲劳曲线与横坐标平行；当应力低于此值时，材料可经受无数次应力循环而不断裂。工程上规定，材料经受相当循环次数（对钢铁材料 $N=10^7$ 次，对非铁金属 $N=10^8$ 次）不发生断裂的最大应力称为疲劳强度（或疲劳极限）。当材料承受对称循环交变应力（图 2-10）时，疲劳强度用 σ_{-1} 表示。

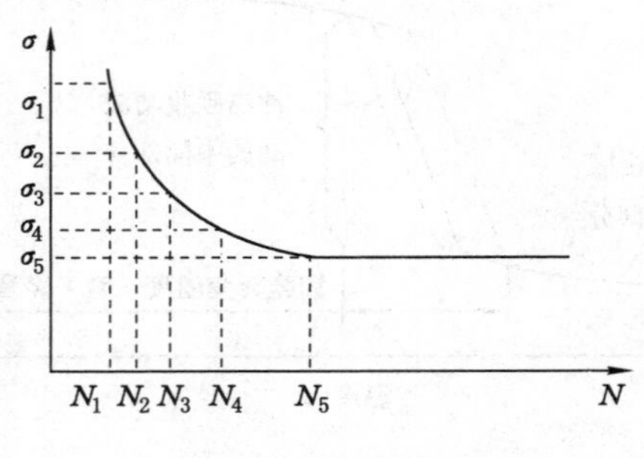

图 2-9 疲劳曲线

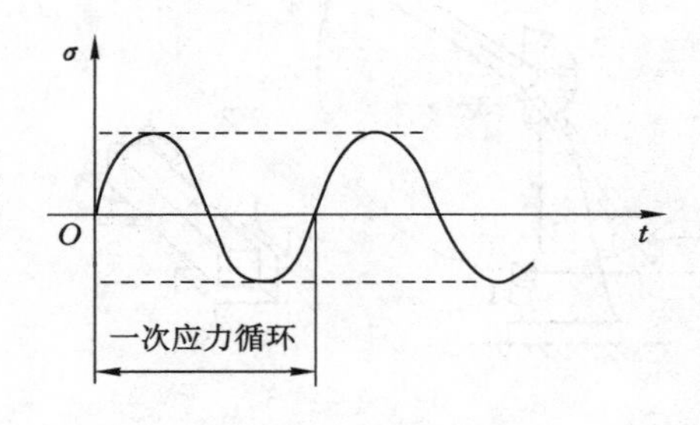

图 2-10 对称循环应力

经测定，金属材料的疲劳强度与其抗拉强度之间存在一定的经验关系，如钢材的 σ_{-1} 只有 σ_b 的 50%左右。因此，在其他条件相同的情况下，材料的疲劳强度随抗拉强度的提高而增加。

（二）疲劳产生的原因及其防止

一般认为，产生疲劳断裂的原因是材料的内部缺陷，如夹杂物、气孔等所致。在交变应力作用下，缺陷处首先形成微小裂纹，裂纹逐步扩展，导致零件的受力截面减小，以致突然产生断裂。此外，零件表面的机械加工刀痕和构件截面突变部位，均会产生应力集中。交变应力下，应力集中处易于产生显微裂纹，也是产生疲劳断裂的主要原因。

生产中提高材料疲劳强度的措施主要有：

(1) 改善零件的结构形式，避免有尖角、缺口和截面突变，以避免应力集中引起疲劳裂纹。

(2) 减小零件表面粗糙度值，提高表面加工质量，尽可能减少表面损伤和缺陷。

(3) 采用各种表面强化处理，如化学热处理、表面淬火、喷丸和滚压等。

(4) 由于金属的疲劳强度与抗拉强度存在一定的比例关系，因此可通过热处理适当地提高抗拉强度，从而提高其疲劳强度。

任务实施

(1) 金属材料使用性能的好坏，决定其使用范围与寿命。

(2) 力学性能是选用金属材料的主要依据。

(3) 强度的衡量指标是屈服强度（σ_s）和抗拉强度（σ_b）。其数值越大，表示金属材料的强度越高，所能承受的载荷就越大。

(4) 塑性的衡量指标是伸长率（δ）和断面收缩率（ψ）。其数值越大，表示金属材料的塑性越好。

(5) 常用的硬度测试方法有：布氏硬度（用符号 HBS 或 HBW 表示）、洛氏硬度（用符号 HRA、HRB、HRC 表示）和维氏硬度（用符号 HV 表示）。

(6) 小能量多次冲击抗力主要取决于材料的强度和塑性，而在大能量一次冲断的情况下材料的冲击抗力则取决于冲击韧性值(α_k)的大小。

(7) 疲劳断裂是在事先无明显塑性变形的情况下突然发生的,具有很大的危险性。金属材料的疲劳强度常用符号 σ_{-1} 表示。

(8) 改善零件的结构形式、降低零件表面粗糙度值、采用各种表面强化及热处理的方法,都能提高零件的疲劳强度。

(9) 强度和硬度都反映材料抵抗塑性变形的能力,一般来说,强度、硬度高,表示材料的承载能力大。塑性反映材料在断裂前产生塑性变形的能力,其作用是使局部应力集中通过塑性变形得以松弛,并产生加工硬化,提高材料的抗过载能力。韧性反映材料在载荷作用下,因应力集中裂纹产生与扩展的难易程度,或材料受力变形至断裂消耗能量的大小。可以认为,塑性和韧性都反映材料的应力集中倾向。塑性、韧性高,表示材料的应力集中倾向小,裂纹难以形成与扩展,故可延缓断裂的发生,提高其安全可靠性。

思考与练习

(1) 何谓金属材料的力学性能?主要性能指标有哪些?

(2) 什么是强度、塑性?其常用性能指标分别有哪些?各用什么符号表示?

(3) 根据作用性质不同,载荷可分为哪几类?

(4) 现有标准圆形长、短试样各一根,经拉伸试验测得其延伸率 δ_{10}、δ_5 均为 25%,求两试样拉断时的标距长度。两试样中哪一根的塑性好?为什么?

(5) 有一低碳钢试样,原直径为 10 mm,在载荷为 21 000 N 时屈服,试样断裂前的最大载荷为 30 000 N,拉断后长度为 133 mm,断裂处最小直径为 6 mm,试计算 σ_s、σ_b、δ、ψ。

(6) 什么是硬度?HBS、HRC、HRB、HRA、HV 各代表用什么方法测定的硬度?

(7) 在有关零件图纸上,出现了以下几种硬度技术条件的标注方法,这种标注是否正确?为什么?

① 650HBS～700HBS　　② HBS＝250～300 $\mathrm{kgf/mm^2}$

③ 15HRC～20HRC　　④ 70HRC～75HRC

(8) 下列几种情况该用什么方法来测试硬度?写出其硬度符号。

① 检验锉刀、钢车刀或钻头成品的硬度;

② 检验材料库钢材的硬度;

③ 检验钢件表面很薄的硬化层或很薄工件的硬度。

(9) 用 45 钢制造一种轴,零件图要求热处理后达到 220HBS～250HBS,实际热处理后测得硬度为 22HRC,是否符合要求?

(10) 试比较下列工件硬度值大小:250HBS、90HRB、50HRC、245HV,并分别计算其近似强度值。

(11) 在生产实践中,为什么硬度试验比拉伸试验得到更广泛的应用?

(12) 什么是韧性?大能量一次冲击和小能量多次冲击的冲击抗力各取决于什么指标?

(13) 什么是金属的疲劳现象?什么是疲劳强度?当应力为对称循环应力时,疲劳强度用什么符号表示?

(14) 为什么疲劳断裂对机械零件危害性较大?如何提高零件的疲劳强度?

任务二　金属材料的物理性能与化学性能

【知识要点】 金属材料的物理性能指标；金属材料的化学性能指标；金属的腐蚀现象。

【技能目标】 根据金属材料的物理、化学性能，合理选择加工方法并能正确选用金属材料；了解金属的腐蚀现象及防腐方法。

任务导入

有些机械零件或工具在使用时，除了要承受各种载荷作用外，有时还要受到环境气温及腐蚀介质的影响，因此，仅有良好的力学性能是不够的，还应具有相应的物理性能和化学性能。尤其是要求轻质、导电、导热、抗磁或耐蚀、耐高温的机械零件，更应重视金属材料的物理性能和化学性能。

任务分析

金属材料在各种物理条件下所表现出来的性能称为物理性能，它是金属材料所固有的一些属性，包括密度、熔点、热膨胀性、导热性、导电性和磁性等。

金属材料的化学性能是指金属材料在室温或高温下抵抗各种化学介质侵蚀的能力，包括耐腐蚀性、抗氧化性和化学稳定性。

相关知识

一、金属材料的物理性能

（一）密度

金属单位体积的质量称为密度，用符号 ρ 表示。通常 $\rho \leqslant 5\ g/cm^3$ 的金属称为轻金属，如 Al、Mg、Ti 等；$\rho > 5\ g/cm^3$ 的金属称为重金属，如 Fe、Cu、Ni 等。生产中通常用密度来计算材料或零件毛坯的质量（$m=\rho V$）。

抗拉强度 σ_b 与密度 ρ 之比（σ_b/ρ）称为比强度，也是考虑某些机械零件材料性能的重要指标。

（二）熔点

金属由固态转变为液态时的温度称为熔点。金属都有其固定的熔点，如 Pb 的熔点为 323 ℃，Fe 的熔点为 1 538 ℃。熔点对于冶炼、铸造、焊接和配制合金等都很重要，易熔金属（熔点低的金属，如 Sn、Pb 等）及其合金可用来制造熔断器和防火安全阀等零件；难熔金属（熔点高的金属，如 W、Mo、V 等）及其合金则用来制造要求耐高温的零件，如飞船、火箭、导弹、燃气轮机和喷气式飞机等物体的耐高温零件。

（三）热膨胀性

金属在受热时体积会增大、冷却时则收缩的现象称为热膨胀性，通常用线膨胀系数表示。对精密仪器或机器的零件，线膨胀系数是一个非常重要的性能指标。在异种金属焊接中，常因金属的热膨胀性相差过大而使焊件变形或破坏。

（四）导热性

金属能够传导热量的性能称为导热性。一般用热导率 λ（也称导热系数）表示金属的导热性能。热导率大的金属其导热性好,导热性好的材料(如 Cu、Al 及其合金)其散热性也好,常用来制造散热器零件;当导热性差时,零件在加热或冷却时,芯部与表面、厚截面与薄截面产生温差,造成很大的内应力,导致零件变形或开裂。

(五) 导电性

金属能传导电流的性能称为导电性,一般用电阻率表示。电阻率越小,导电性越好。金属及其合金一般具有良好的导电性,Ag 的导电性最好,Cu、Al 次之。所以工业上常用 Cu、Al 及其合金等作导电材料,如电线、电缆、电气元件等。而导电性差、电阻率高的金属(如 Mn、Ti、Cr)则用来制造电阻器和电热元件。

(六) 磁性

金属能导磁的性能称为磁性。具有导磁能力的金属材料都能被磁铁吸引。Fe、Co、Ni 等均具有较高的磁性,称为铁磁性金属,可用于制造变压器、电动机、测量仪表等;Cu、Pb、Zn 等无磁性,称为抗磁性金属,多用于仪表壳等要求不被磁化或能避免电磁干扰的零件。但金属的磁性不是固定不变的,当加热到一定温度时,金属的磁性就会减弱或消失,这个磁性转变温度称为居里点。例如,Fe 的居里点约为 770 ℃。

常用金属的物理性能见表 2-6。

表 2-6　　常用金属的物理性能

金属名称	元素符号	密度 ρ(20 ℃) /(g/cm³)	熔点 /℃	热导率 λ /[W/(m·K)]	热胀系数 α (0～100 ℃) /(1×10⁻⁶/℃)	电阻率 ρ(0 ℃) /(1×10⁻⁶ Ω·cm)
银	Ag	10.49	960.8	418.6	19.7	1.5
铝	Al	2.698 4	660.1	221.9	23.6	2.665
铜	Cu	8.96	1 083	393.5	17.0	1.67～1.68(20 ℃)
铬	Cr	7.19	1 903	67	6.2	12.9
铁	Fe	7.87	1 538	75.4	11.76	9.7
镁	Mg	1.74	650	153.7	24.3	4.47
锰	Mn	7.43	1244	498(−192 ℃)	37	185(20 ℃)
镍	Ni	8.90	1 453	92.1	13.4	6.84
钛	Ti	4.508	1 677	15.1	8.2	42.1～47.8
锡	Sn	7.298	231.91	62.8	2.3	11.5
钨	W	19.3	3 380	166.2	4.6(20 ℃)	5.1

二、金属材料的化学性能

(一) 耐腐蚀性

金属材料在常温下抵抗大气、水蒸气及其他化学介质腐蚀作用的能力,称为耐腐蚀性。常见的钢铁生锈、铜产生铜绿等,就是腐蚀现象。腐蚀对金属的危害很大,每年都有大量的金属材料被腐蚀,严重时还会使金属构件遭到破坏而引发重大事故,特别是在腐蚀介质中工作的金属制品,必须考虑金属材料的耐腐蚀性能。例如,化工设备、医疗器械等可采用不锈钢或其他耐腐蚀材料制造。

（二）抗氧化性

金属材料在高温下抵抗氧化的能力称为抗氧化性（也称热稳定性）。例如，钢铁材料在高温下（570 ℃以上）表面易氧化，主要原因是生成了疏松多孔的 FeO，氧原子易通过 FeO 进行扩散，使钢内部不断氧化。温度越高，氧化速度越快，钢材损耗越严重。提高抗氧化性可通过合金化在金属表面形成保护膜，或在工件周围造成一种保护气氛，均可避免氧化。

（三）化学稳定性

化学稳定性是金属材料的耐腐蚀性和抗氧化性的总称。在高温下工作的热能设备（如锅炉、汽轮机、喷气发动机等）的零件应选择热稳定性好的材料制造；在海水、酸、碱等腐蚀介质中工作的零件，必须采用化学稳定性良好的材料，如化工设备通常采用不锈钢制造。

三、金属的腐蚀

金属受周围介质作用而引起损坏的现象称为金属的腐蚀（锈蚀）。例如，钢铁在大气中生锈、海船外壳在海水中的腐蚀、地下金属管道的穿孔等。金属的腐蚀可使零件性能变坏、精度下降、表面凸凹不平、寿命减短，甚至报废，造成很大损失。根据金属腐蚀过程的不同特点，可分为化学腐蚀与电化学腐蚀两类。

1. 化学腐蚀

化学腐蚀是金属在干燥的气体（如高温氧化性气体）和非电解质溶液（如汽油或润滑油）中发生化学作用而引起的腐蚀现象。其特点是：只有单纯的化学反应，反应过程无电流产生，腐蚀产物（如氧化物、硫化物、氯化物等）生成于发生反应的金属表面，而且其腐蚀的速度随温度的升高而加快。氧化是金属最典型的化学腐蚀，形成的氧化膜通过扩散逐渐加厚。温度越高或加热时间越长，氧化损耗越严重。如果能形成致密的氧化膜（如 Al_2O_3、Cr_2O_3），就具有防护作用，能有效地阻止氧化继续向金属内部发展。

2. 电化学腐蚀

电化学腐蚀是当两种电极电位不同的金属互相接触，且有电解质溶液（酸、碱、盐溶液）存在时，产生了原电池作用，使电极电位较低的金属成为阳极而被腐蚀的现象。如图 2-11 所示，把 Cu 与 Zn 这两种不同电极电位金属同时插入到 H_2SO_4 溶液中，并用导线连接起来，发现导线中有电流流过。Zn 电位低为阳极，Cu 电位高为阴极。Zn 极不断失去电子并以 Zn 离子形式溶于溶液中而被腐蚀，Cu 极只起传导电流作用而没有受损。

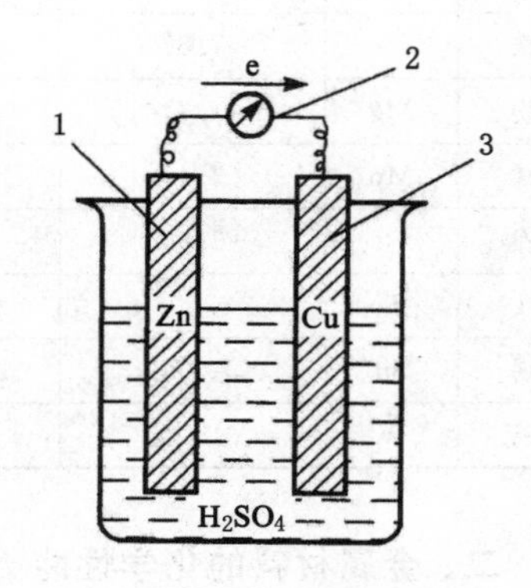

图 2-11　电化学腐蚀示意图

1——锌片；2——安培计；3——铜片

电化学腐蚀不仅发生在两种金属之间，而且在同一种金属或合金中，也可能产生（因组成物质电极电位不同，遇有电介质存在时就会构成许多微小原电池，阳极物质将被腐蚀）。其特点是腐蚀过程伴随有电流的产生。如金属在海水中发生的腐蚀、地下金属管道在土壤中的腐蚀等均属于电化学腐蚀。

任务实施

(1) 金属材料在各种物理条件下表现出来的性能称为物理性能。

(2) 金属的化学性能是指金属抵抗化学介质侵蚀的能力。

(3) 在金属腐蚀中,化学腐蚀和电化学腐蚀往往同时存在,但电化学腐蚀的危害性更大,因此必须引起足够的重视。

(4) 生产中常用的防腐蚀方法有:提高金属本身的耐蚀性(如生产不锈钢或采用表面热处理方法)、采用覆蔽法(如金属保护层、非金属涂层和化学保护层)、电化学保护(也称阴极保护法)等。

思考与练习

(1) 金属的物理性能和化学性能主要指标有哪些?

(2) 什么是金属的腐蚀?腐蚀有何危害?

(3) 生产中常用的防腐方法有哪些?

任务三 金属材料的工艺性能

【知识要点】 金属铸造性能;压力加工性能;焊接性能;切削加工性能;热处理性能。

【技能目标】 了解金属的工艺性能及其评定指标,以便合理选材、降低制造难度和成本。

任务导入

金属材料的工艺性能直接影响零件的加工工艺方法、加工质量及生产成本,是设计零件、选择材料和制定零件加工工艺路线时必须考虑的因素之一。

任务分析

工艺性能是指金属材料在制造机械零件的过程中,适应各种冷、热加工的性能,也就是金属材料采用某种加工方法制成成品的难易程度。工艺性能包括铸造性能、压力加工性能、焊接性能、切削加工性能和热处理性能等。

相关知识

一、铸造性能

金属材料在铸造工艺中获得优良铸件的能力称为铸造性能。衡量铸造性能的主要指标有流动性、收缩性和偏析倾向等。流动性好、收缩率小、偏析倾向小是金属铸造性能良好的标志。对承载不大、受力简单而结构复杂,尤其是有复杂内腔结构的零件,如机床床身、减速器壳体、发动机气缸等,应选用铸铁、铸造铝合金等铸造性能良好的材料,以便于铸造成形。

(一) 流动性

液态金属充满铸型的能力称为流动性,主要受金属化学成分和浇注温度的影响。流动性好的金属容易获得外形完整、尺寸精确和轮廓清晰的铸件。

（二）收缩性

铸件在冷凝过程中，其体积和尺寸减小的现象称为收缩性。铸件收缩不仅影响尺寸精度，还会使铸件产生缩孔、疏松、内应力、变形和开裂等缺陷，因此用于铸造的金属材料收缩率越小越好。

（三）偏析

金属冷凝后，内部化学成分和组织的不均匀现象称为偏析。偏析严重时会使铸件各部分的力学性能差异很大，降低了铸件质量，对大型铸件的危害更大。

二、压力加工性能

金属材料在冷、热状态下进行压力加工产生塑性变形的能力称为压力加工性能，包括冷冲压性和可锻性等。塑性越好、变形抗力越小，金属材料的压力加工性能越好。例如，黄铜和变形铝合金在室温下就有良好的压力加工性能；碳钢在加热状态下压力加工性能较好；铸铁属脆性材料，不能进行压力加工。

三、焊接性能

金属材料对焊接加工的适应能力称为焊接性能。焊接性能好的金属材料易于用一般的焊接方法和工艺焊接，焊接时不易产生裂纹、气孔和夹渣等缺陷，焊接接头强度与母材相近。导热性好、收缩性小的金属材料焊接性能都比较好，例如低碳钢具有良好的焊接性能，高碳钢、不锈钢和铸铁的焊接性能较差。

四、切削加工性能

金属材料在切削加工时的难易程度称为切削加工性能。切削加工性能好的金属材料对使用的刀具磨损较小，切削后的表面粗糙度值低。切削加工性能与金属材料的硬度、导热性、内部结构、加工硬化等因素有关，尤其与硬度关系较大，一般硬度在 170HBS～230HBS 时最易切削加工。铸铁、铜合金、铝合金及一般碳钢都具有较好的切削加工性能，高合金钢的切削加工性能较差。

五、热处理性能

热处理性能是指金属材料接受热处理的能力，包括淬硬性、淬透性、变形开裂倾向、过热敏感性、回火稳定性、回火脆性倾向、氧化脱碳倾向等。

材料的各种工艺性能之间往往有矛盾，选材时应充分考虑具体情况（如零件的形状、大小和生产率等），并通过改变工艺规范、调整工艺参数、改进刀具和设备、变更热处理方法等措施来改善材料的工艺性能。

任务实施

（1）金属材料工艺性能的好坏决定其对各类加工方法的适应能力。

（2）金属的工艺性能主要包括铸造性能、压力加工性能、焊接性能、切削加工性能及热处理工艺性能等。

（3）金属材料仅有良好的使用性能是不够的，还必须有良好的工艺性能，才能得到生产工艺简单、质量良好、成本低廉的零件。

思考与练习

(1) 何谓金属的工艺性能？主要包括哪些方面？
(2) 金属铸造性能良好的标志是什么？
(3) 什么样的材料可以进行压力加工？
(4) 切削加工性能与金属的硬度指标有何关系？

项目三　金属材料的微观结构

金属材料的各种性能，尤其是力学性能，主要取决于其化学成分和微观结构（内部组织结构）。化学成分的改变将引起微观结构的变化，但在不改变化学成分的条件下，也可通过改变金属材料的微观结构，从而达到改变其性能的目的。因此，研究和掌握金属材料的微观结构与其形成过程，对于了解和改造材料，实现材料强化的目的，非常重要。

本项目共分四项基本任务完成。

任务一　纯金属的晶体结构

【知识要点】 晶体的概念；晶体结构的基本知识；常见金属的晶格类型；金属的实际晶体结构；金属晶体的缺陷。

【技能目标】 熟悉金属实际的晶体结构及其性能特点；掌握晶体缺陷对金属力学性能的影响。

任务导入

在目前已知的化学元素中，大约有四分之三是金属元素。金属具有良好的导电性和导热性，并且具有固定的熔点、良好的塑性和金属光泽。这些金属特性都与其内部原子间的结合方式（结合键）以及原子排列方式（晶体结构）密切相关。

任务分析

固态物质按其原子的排列特征可分为晶体与非晶体。凡内部原子或分子呈有序、规则排列的固态物质称为晶体，如陶瓷、金刚石、石墨、一般固态的金属及其合金都是晶体。晶体结构是指晶体内部原子排列的方式和特征。

相关知识

一、晶体结构的基本知识

为了便于描述晶体内部原子在空间的排列规律，通常把原子看成一个个固定的小球，并用假想的线条通过其中心连接起来，形成的空间几何格子称为晶格，如图 3-1(b)所示。晶格中的每个点称为结点，由原子组成的任一平面称为晶面，由原子组成的任一直线方向称为晶向。能够充分反映晶格特征的最小几何单元称为晶胞，如图 3-1(c)所示。晶胞的棱边长度称为晶格常数（a、b、c），其度量单位为 Å（埃，1 Å$=1\times10^{-10}$ m）。若晶胞的 $a=b=c$，$\alpha=\beta=\gamma=90°$，则称为简单立方晶胞，由立方晶胞在空间重复堆积而形成立方晶格。

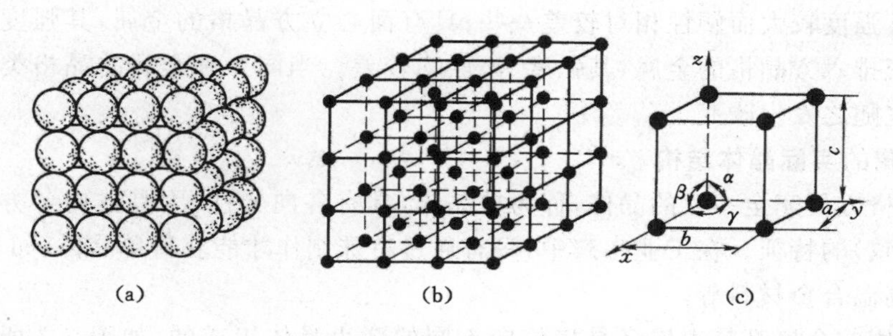

图 3-1　晶体结构示意图

(a) 原子堆垛;(b) 晶格;(c) 晶胞

二、金属晶格的基本类型

在已知的金属中,除少数具有复杂的晶体结构外,大多数金属的晶体结构都比较简单。图 3-2 所示为常见金属的晶胞示意图。

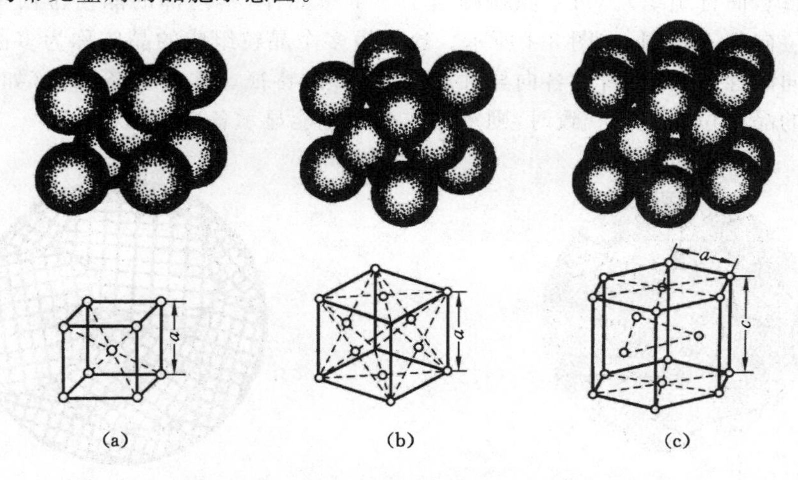

图 3-2　常见金属的晶胞示意图

(a) 体心立方晶格;(b) 面心立方晶格;(c) 密排六方晶格

表 3-1 所列为三种金属晶格的结构特点。

表 3-1　　三种金属晶格的结构特点

晶格类型	晶胞形状	晶胞中原子分布	晶胞原子数	致密度	实例
体心立方	立方体	8 个顶角及体的中心	2	0.68	α-Fe、Cr、Mo、W、V、Nb 等
面心立方	立方体	8 个顶角及 6 个面的中心	4	0.74	γ-Fe、Cu、Al、Ni、Pb、Au、Ag 等
密排六方	六方柱体	12 个顶角和上、下底面中心以及体内 3 个原子	6	0.74	Mg、Zn、Be、Cd 等

注:① 晶胞原子数是指一个晶胞所含有的原子数目。如立方晶胞顶角的原子实际上是 8 个相邻晶胞所共有,因此,每个顶角处属于一个晶胞的只有 1/8 个原子。

② 致密度是指晶胞中原子体积总和与晶胞体积之比。未被原子占据的空间即为间隙。

晶格类型不同,原子排列规律不同,金属的性能就不同。一般情况下,具有体心立方晶格的金属,其强度较大而塑性相对较差一些;具有面心立方晶格的金属,其强度较低而塑性很好;具有密排六方晶格的金属,其强度、塑性均较差。当同一种金属的晶格类型发生改变时,其性能也随之发生改变。

三、金属的实际晶体结构

内部晶格方位完全一致的晶体,称为单晶体,具有各向异性(因晶体内各方向原子排列密度不同所致)的特征。在工业生产中,只有通过特殊制作才能获得单晶体,如半导体元件、磁性材料、高温合金材料等。

实际使用的金属都是由许多晶格位向不同的微小晶体组成的,如图 3-3 所示。这些外形呈多面体颗粒状的小晶体称为晶粒,晶粒与晶粒之间的界面称为晶界。晶粒的大小随金属的冶炼、加工情况不同而改变,大多在 $10^{-2}\sim10^{-3}$ cm 范围内,即在 1 cm^3 的体积内,大约包含数百万到数亿个晶粒。因此,一般需用金相显微镜放大数十倍到数百倍才能识别其形状和大小。金相显微镜下观察到的金属结构特点(如晶粒形状、大小等)称为金属的显微组织(或金相组织,简称组织)。每个晶粒相当于一个单晶体,其内部的晶格位向基本一致,而晶粒之间的位向却不相同,如图 3-4 所示。这种由多个晶粒组成的晶体称为多晶体,多晶体一般呈现各向同性(晶粒自身的各向异性相互抵消)的特征。在某些条件下(如经过某些加工),使晶粒的晶格位向趋于一致时,则多晶体金属也能显示各向异性。

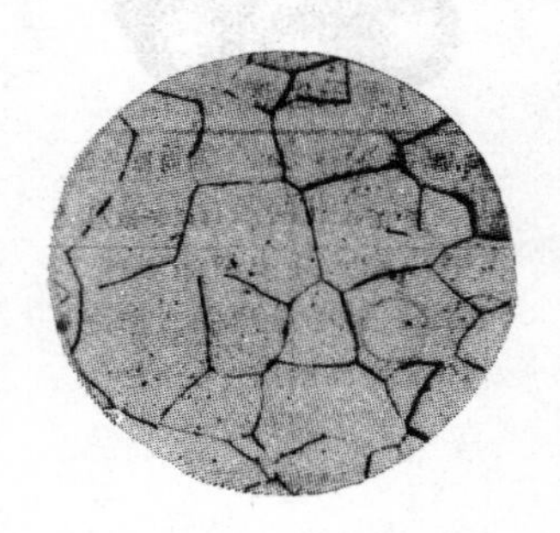

图 3-3 工业纯铁显微组织

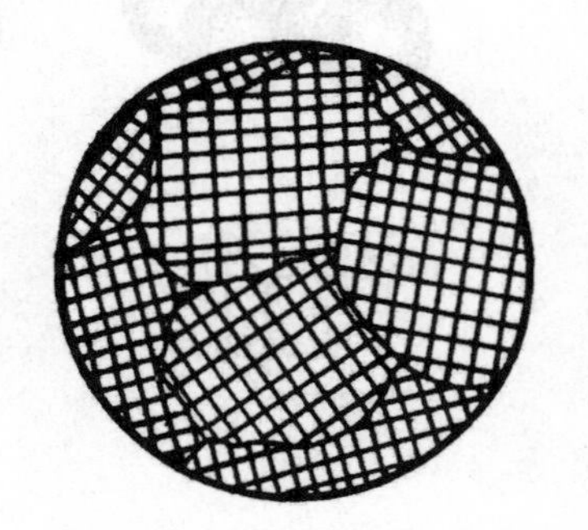

图 3-4 金属的多晶体结构示意图

四、晶体中的缺陷

实际金属的晶体结构与理想晶体(原子完全呈规则排列的晶体)有偏差。由于许多因素(如结晶条件、加工条件等)的影响,金属内部存在着不同类型的原子排列不规则的区域,以及使晶体连续性、完整性遭到破坏的区域,统称为晶体缺陷。晶体缺陷对金属性能和组织转变等均有很大影响,因此有必要了解和重视这些缺陷。根据晶体缺陷的几何特点常分为点缺陷、线缺陷和面缺陷。

(一) 点缺陷

晶体中的点缺陷主要有空位和置换原子等,如图 3-5 所示。空位、溶质原子均使其周围原子发生靠拢或撑开的现象,从而造成晶格畸变。因其晶格畸变在三维方向尺寸都很小,故称为点缺陷。

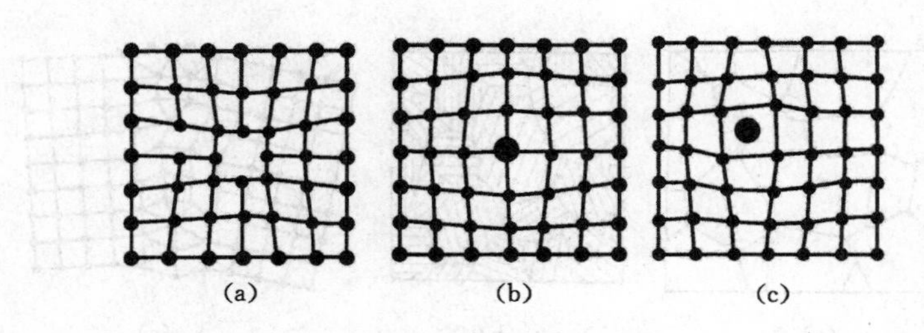

图 3-5 点缺陷示意图
(a) 空位；(b) 置换原子；(c) 间隙原子

空位和溶质原子的运动是晶体中原子扩散的主要形式之一。

（二）线缺陷

晶体中的线缺陷通常是指各种类型的位错，即晶体中某处一列或若干列原子发生某种有规律错排的现象。常见的位错是刃型位错，如图 3-6 所示。沿位错线（EF 线）周围，原子发生错排，晶格产生畸变。因晶格畸变范围在沿位错线方向尺寸较长，而在另外两个方向尺寸较短，故称为线缺陷。

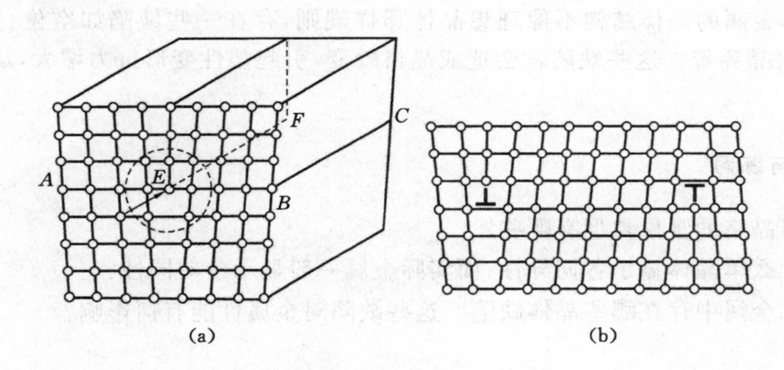

图 3-6 刃型位错示意图
(a) 简单的刃型位错；(b) 正、负刃型位错

晶体中的位错不是固定不变的，在相应的外部条件下，晶体中的原子发生热运动或晶体受外力作用而发生塑性变形时，位错在晶体中能够进行不同形式的运动，致使位错密度（单位体积晶体中位错线的总长度）及分布状态发生变化。位错的存在及其密度的变化对金属很多性能会产生重大影响。

（三）面缺陷

晶体中的面缺陷主要指晶界，如图 3-7 所示。晶界上，原子排列不规则，造成较大晶格畸变。因晶格畸变范围在某一方向尺寸较小，而在另外两个方向尺寸较大，故称为面缺陷。

由于晶界处原子排列不规则，因而使晶界处能量较晶粒内部要高，引起晶界的性能与晶粒内部不同。例如，晶界比晶粒内易受腐蚀、熔点低，晶界对塑性变形（位错运动）有阻碍作用等。在常温下，晶界处不易产生塑性变形，故晶界处强度和硬度均较晶内高。

综上所述，实际金属不仅是多晶体，而且存在各种晶体缺陷。金属中的晶体缺陷对金属的性能有很大影响，如通常使金属的电阻升高、抗蚀性能下降，塑性变形抗力增大等。

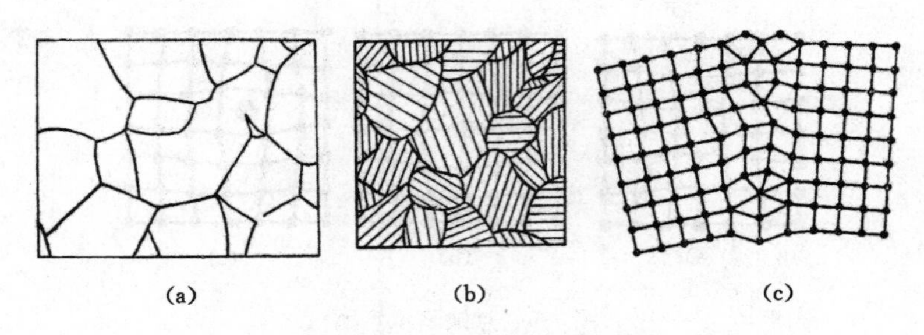

图 3-7 晶粒与晶界示意图

(a) 晶粒;(b) 晶粒间位向差异;(c) 晶界过渡结构

任务实施

(1) 金属在固态下一般都是晶体,即内部原子呈规则排列。

(2) 常见金属的晶格类型有体心立方晶格、面心立方晶格和密排六方晶格,当金属的晶格类型发生改变时,其性能也会发生改变。

(3) 实际金属的晶体结构不像理想晶体那样规则,存在一些缺陷如空位、置换原子、间隙原子、位错、晶界等。这些缺陷常会造成晶格畸变,引起塑性变形抗力增大,从而使金属的强度提高。

思考与练习

(1) 金属晶格的常见类型有哪些?

(2) 为什么单晶体显示各向异性,而实际金属一般显示各向同性?

(3) 实际金属中存在哪些晶体缺陷?这些缺陷对金属性能有何影响?

任务二 纯金属的结晶

【知识要点】 结晶的概念;纯金属结晶的条件及结晶过程、规律;纯铁的冷却曲线与同素异晶转变。

【技能目标】 掌握金属结晶过程的基本规律;熟悉过冷度与冷却速度的关系;熟悉纯铁的结晶与同素异晶转变。

任务导入

金属材料大多要经过熔炼与铸造,也就是要经过由液态转变成固态(晶体状态)的结晶过程(由粉末冶金法制造材料的工艺过程与此不同)。许多金属在固态下还要经过轧制、锻造等各种加工过程。因此,了解金属结晶的知识,对改进金属铸锭、铸件的组织与性能有重要意义,而且也有助于今后了解合金的固态转变过程。

任务分析

由液态金属转变为固态金属的过程称为金属的结晶,即原子由不规则排列的液体状态过渡到规则排列的晶体状态的过程。在工业生产中，金属的结晶决定了铸锭、铸件及焊接件的组织和性能。因此，了解金属从液态转变为固态的基本规律是十分必要的。

相关知识

一、冷却曲线与过冷度

每种金属都有一定的熔点或平衡结晶温度（理论结晶温度），用 T_0 表示。在此温度时，液态金属与其晶体平衡共存，金属液体只有冷却到低于平衡结晶温度 T_0 的某一温度 T_1 时，才能有效地进行结晶。因此，金属的实际结晶温度 T_1 总是低于理论结晶温度 T_0。

金属的实际结晶温度可以用热分析法测定。图 3-8 所示为热分析法测定的一般纯金属的冷却曲线。由图可知，当金属液体的温度下降到 T_1 时，液体开始结晶。结晶时，放出结晶潜热补偿了热的散失，使结晶在恒温下进行，冷却曲线上出现水平线段。当结晶过程全部完成后，温度又继续下降。实际结晶温度 T_1 低于理论结晶温度 T_0 的现象称为过冷现象（过冷是金属结晶的必要条件），其温度差（$\Delta T = T_0 - T_1$）称为过冷度。金属液体的冷却速度愈大，则实际结晶温度愈低，即过冷度愈大；当冷却速度极其缓慢时，实际结晶温度与平衡结晶温度很接近，即过冷度很小。

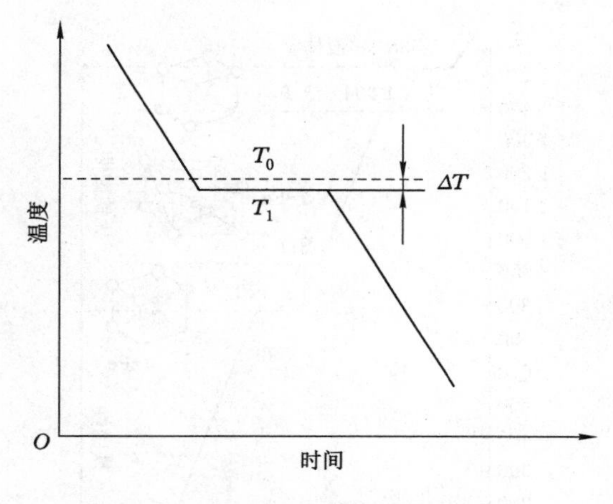

图 3-8　纯金属的冷却曲线示意图

二、纯金属的结晶过程

由图 3-8 可以看出，纯金属的结晶过程是需要一定时间的，即结晶过程是一个由小到大、由局部到整体的发展过程。通过大量实验证明，金属的结晶过程由形成晶核（自发晶核即结晶时最先出现的作为结晶核心的微小晶体）与晶核长大（树枝状长大方式）两个基本过程组成，并且这两个过程是同时并进的，如图 3-9 所示。在结晶过程中，晶核可以在液态金属的各个区域中形成，并不断长大，直至相互接触，液态金属全部消失为止。结晶结束后，每个晶核分别长成一个晶粒，其各自具有随机的晶格取向。因此，结晶后的纯金属是由许多晶粒和晶界所组成的多晶体，一般显示各向同性。

形核与长大是金属结晶的基本规律，这一规律是一切物质进行结晶的普遍规律。

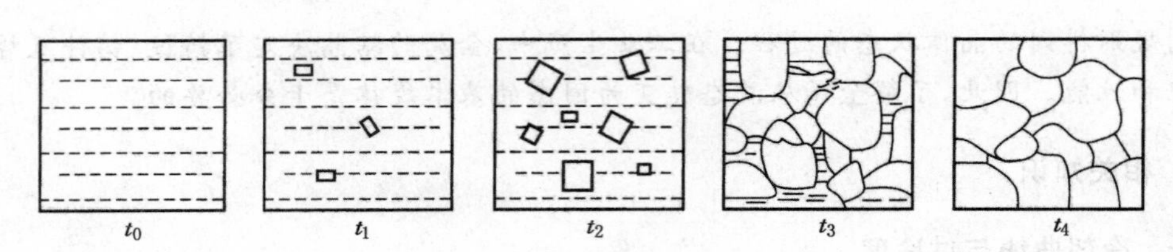

图 3-9 纯金属结晶过程示意图

三、金属的同素异晶转变

大多数金属结晶完成后，在继续冷却过程中，晶格类型不再发生变化。但也有少数金属，如 Fe、Mn、Co、Ti、Sn 等，在固态下，其晶格类型还会随温度的不同而转变。金属在固态下晶格类型随温度发生的变化，称为同素异晶转变。由同素异晶转变所得到的不同晶格类型的晶体，称为同素异晶体。

图 3-10 所示为纯铁的冷却曲线，它表示了纯铁的结晶和同素异晶转变的过程。由图可知，液态的纯铁在 1 538 ℃时结晶成具有体心立方晶格的 δ-Fe；冷却到 1 394 ℃时，转变为面心立方晶格的 γ-Fe；继续冷却到 912 ℃时，又转变为体心立方晶格的 α-Fe，再继续冷却直到室温，晶格类型不再发生变化。

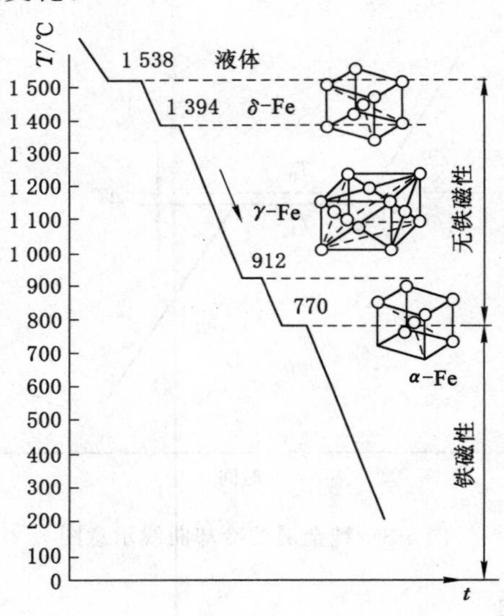

图 3-10 纯铁的冷却曲线

纯铁的同素异晶转变可用下式表示：

$$\delta\text{-Fe} \xrightleftharpoons{1\,394\ ℃} \gamma\text{-Fe} \xrightleftharpoons{912\ ℃} \alpha\text{-Fe}$$

金属的同素异晶转变过程与液态金属的结晶过程相似，实质上是一个重结晶过程，因此同样遵循结晶的基本规律：有一定的转变温度，并有潜热产生；转变时需要过冷；转变过程也是通过形核与长大方式进行。但是，同素异晶转变是在固态下进行的，原子扩散要比液态下困难得多，致使同素异晶转变具有较大的过冷度。另外，由于转变时晶格致密度改变，因此会引起金属体积的变化。例如，由致密度较大的 γ-Fe 转变为致密度较小的 α-Fe 时，体积要膨胀1%左右，这种体积变化会伴随内应力的产生，这是钢铁材料产生热处理变形、开裂的重要原因。

金属(或合金)发生组织结构转变的温度，称为临界温度或临界点，如1 538 ℃、1 394 ℃、912 ℃等都是纯铁的临界温度(临界点)。

任务实施

(1) 金属从液态转变为固态(晶体状态)的过程称为结晶。

(2) 金属的结晶是在一定过冷度下，通过形成晶核与晶核长大来完成的。

(3) 一般金属结晶后都是由许多晶粒组成的多晶体，一般显示各向同性。

(4) 纯铁的同素异晶转变：$\delta\text{-Fe} \xrightleftharpoons{1\ 394\ ℃} \gamma\text{-Fe} \xrightleftharpoons{912\ ℃} \alpha\text{-Fe}$。

(5) 同素异晶转变也是一种结晶过程，转变会使金属体积发生变化并产生较大的内应力。

思考与练习

(1) 何谓过冷现象、过冷度？它们与金属的冷却速度有何关系？

(2) 什么叫结晶？液态金属发生结晶的必要条件是什么？结晶过程的基本规律是什么？

(3) 金属的同素异晶转变与液态金属的结晶有何异同？

(4) 说出纯铁同素异晶转变的温度及在不同温度范围内的晶格类型。

(5) 为什么铁丝受热会有收缩现象，而遇冷又有伸长现象？

任务三　合金的晶体结构

【知识要点】 合金的基本概念；固态合金的相结构；固溶强化、第二相强化。

【技能目标】 根据合金的组织结构，能分析判断其性能特点；熟悉固溶强化、第二相强化的本质。

任务导入

纯金属大多具有优良的塑性和导电、导热等性能，但制取困难、价格昂贵、种类有限，特别是其强度、硬度和耐磨性都比较低，难以满足多品种、高性能要求。因此，工程上大量使用的金属材料都是根据性能需要而配制的各种不同成分的合金，如碳钢、合金钢、铸铁、铝合金及铜合金等。

任务分析

将两种或两种以上的元素(其中主要是金属元素)通过熔炼或粉末冶金等方法，所制得的具有金属特性的物质称为合金。例如，钢和生铁是铁与碳的合金，黄铜是铜与锌等元素组成的合金。合金除具有纯金属的基本特性外，还可以拥有纯金属所不能达到的一系列力学特性与理化特性，如高强度、强磁性、耐蚀性等。

本任务主要研究合金的成分、组织与性能之间的一般规律。

相关知识

一、合金的基本概念

组成合金的最基本、独立的物质称为组元(简称元)。组元一般是组成合金的元素,如铁碳合金的组元是铁和碳,黄铜的组元是铜和锌。由若干个给定组元可以配制成一系列成分不同的合金,构成一个合金系统,简称合金系。例如,含碳量不同的碳钢和生铁就构成铁碳合金系。

合金组织中具有同一化学成分、同一结构及性能的均匀组成部分称为相,相与相之间具有明显的界面,称为相界面。例如,日常生活中均匀的盐水溶液是一相(单相),当盐的质量超过溶液的溶解度以后,则成为两相(溶液是一相,未溶的盐是另一相)。合金中的各种相是组成合金组织的基本单元,而合金组织则是各种相的综合体。

二、合金的相结构

合金的结构比纯金属要复杂得多。由于构成合金的各组元之间相互作用的不同,合金在固态下可以形成均匀的单相组织,也可能形成由几种不同的相所组成的多相组织。合金中各个相的晶体结构简称相结构。

(一) 固溶体

溶质原子溶入溶剂的晶格中所形成的合金相,称为固溶体。固溶体的晶体结构仍保持溶剂金属的晶格类型,按溶质原子在溶剂晶格中所处位置的不同,固溶体可分为置换固溶体和间隙固溶体两种类型,如图 3-11 所示。

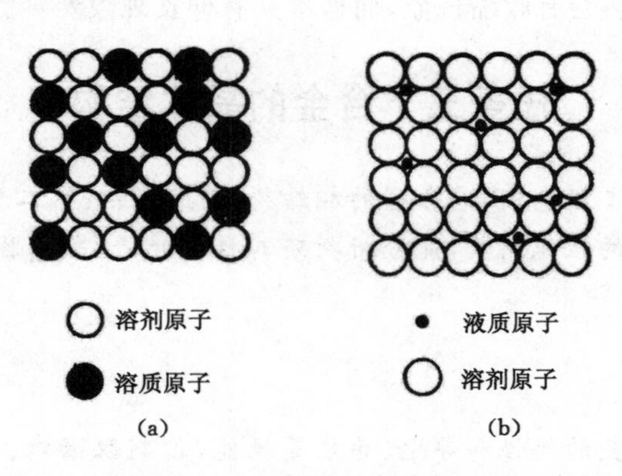

图 3-11　固溶体结构示意图

(a) 置换固溶体;(b) 间隙固溶体

形成固溶体后,在溶剂晶格中溶入了溶质原子,必然使溶剂的晶格发生畸变,如图 3-12 所示。晶格畸变将使固溶体的强度、硬度升高,这种通过形成固溶体而使金属强度、硬度升高的现象,称为固溶强化。

固溶强化是提高金属材料力学性能的重要途径之一。例如,南京长江大桥的建筑中,大量采用的含锰量为 1.30%～1.60%的普通低合金结构钢,就是由于锰的固溶强化作用提高了钢材的强度,从而大大节约了钢材,减轻了大桥结构的自重。

溶质原子在固溶体中的饱和浓度称为固溶体的溶解度或固溶度,通常以质量百分比表

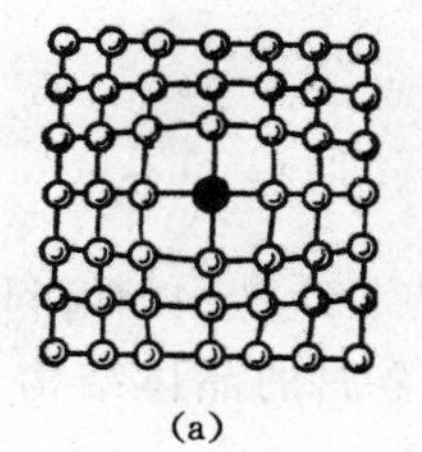
(a)

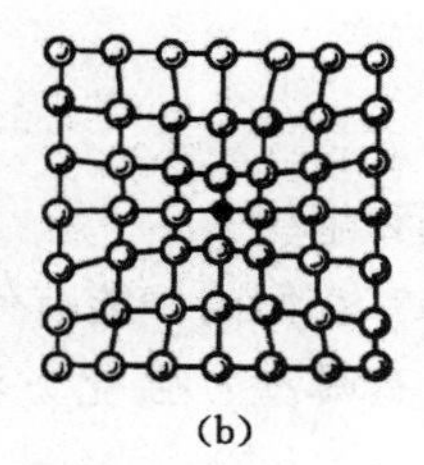
(b)

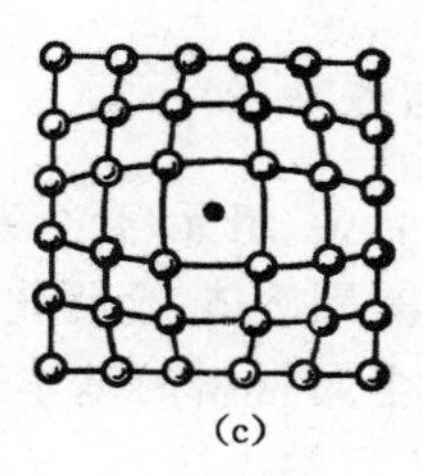
(c)

图 3-12 形成固溶体时的晶格畸变示意图

(a) 溶质原子>溶剂原子；(b) 溶质原子<溶剂原子；(c) 间隙固溶体

示。固溶体的溶解度随温度升高而增大，随温度下降而减小。

固溶体以溶剂金属为基，故具有良好的塑性与韧性。溶质原子的固溶强化作用又使固溶体具有较溶剂金属更高的强度与硬度。因此，固溶体具有良好的综合力学性能，这使得各种要求有良好综合力学性能并作为结构材料的合金，几乎都以固溶体作为基体相。

（二）金属化合物

金属化合物是合金组元间相互作用形成的具有金属特性的一种新相。金属化合物一般可以用分子式表示其组成，其晶体结构与组成元素均不同，性能与组元的差别也很大。金属化合物一般具有复杂的晶体结构，较高的熔点，硬而脆。如铁与碳形成的金属化合物Fe_3C（渗碳体）的硬度高达800HV，熔点高达1 227 ℃，而延伸率$\delta \approx 0$。金属化合物的高脆性使其一般不作为合金的基体相，而是分布在固溶体基体上作为强化相，起着第二相强化作用，使合金在固溶强化的基础上进一步提高强度、硬度与耐磨性。在要求较高热硬性和抗蠕变性能的合金中，熔点高、稳定性大的硬脆金属化合物更是起着尤为重要的作用。但是，金属化合物通常会导致合金的塑性、韧性下降。

（三）机械混合物

在工业生产中，除一部分合金具有单相固溶体组织外，大多数合金的组织是由两相或多相按固定比例构成的组织，称为机械混合物或多相组织。纯金属、固溶体、金属化合物都是组成合金的基本相。在机械混合物中，各个相仍然保持各自的晶体结构和性能，而整个机械混合物的性能则取决于构成它的各相的性能以及各相的数量、形状、大小及分布状况等。

任务实施

(1) 对于大多数合金来说，其组元在液态下可以无限互溶，形成均匀的溶液。结晶后，由于组元间彼此作用的不同，则可能出现三种情况：① 组元之间彼此仍然可以溶解（或部分地溶解）而形成固溶体；② 组元之间彼此也可以发生反应而形成金属化合物；③ 组元间彼此不发生明显作用，在结晶后形成各自的晶体。

(2) 固溶体、金属化合物、纯金属都是组成合金的基本相。固溶体具有良好的综合力学性能，常作为基体相；金属化合物硬而脆，常作为强化相，起着第二相强化作用。在合金中，相的结构和性质对合金性能起决定性作用，同时，合金中各相的相对数量、晶粒大小、形状和分布情况，对合金性能也会产生很大影响。

思考与练习

(1) 何谓合金、组元、合金系、相和组织?

(2) 什么是固溶体、金属化合物?它们的性能有何特点?生产中如何利用这些特点?

(3) 强化金属材料的基本途径有哪些?强化方法与金属的晶体结构、显微组织有何联系?

任务四　合金的结晶及铁碳合金相图

【知识要点】 合金相图的概念;铁碳合金的基本相与基本组织;简化后的 $Fe\text{-}Fe_3C$ 相图分析;铁碳合金分类;典型合金的冷却过程及组织转变;含碳量对铁碳合金组织及性能的影响;$Fe\text{-}Fe_3C$ 相图的应用。

【技能目标】 能熟练地对铁碳合金结晶过程进行分析;掌握含碳量对钢的组织和性能的影响;具备选材的一般能力。

任务导入

合金的组织及其形成变化规律远比纯金属复杂。当温度一定时,其组织会随着成分的变化而变化;当成分一定时,其组织又会随着温度的变化而变化。为了掌握合金的成分、温度与组织之间的关系,必须了解合金的结晶过程,了解合金中各组织的形成及变化规律。

任务分析

合金的结晶过程也是在过冷的情况下通过形核与长大来实现的,即同样遵循结晶的基本规律。合金相图是研究合金结晶过程和组织变化的重要工具,是制订熔炼、铸造、锻压及热处理工艺的重要依据。铁碳合金相图是应用最多的合金相图,了解与掌握铁碳合金相图,对于使用钢铁材料和制订其热加工及热处理工艺,有重要的指导意义。

相关知识

一、合金相图的概念

合金相图(又称为合金状态图或合金平衡图)是表示在平衡条件下合金的成分、温度与组织之间关系的坐标图形。利用相图可以知道不同成分合金在不同温度下的组织状态,也能了解某一成分合金随温度变化时组织状态转变的规律,以预测合金的性能。

合金相图一般是通过实验方法测定得到。目前最基本、最常用的方法是热分析法,并配合磁性分析法、热膨胀法、显微分析法及 X 射线晶体结构分析法等。

二、铁碳合金相图

钢铁材料是现代工业应用最广泛的金属材料,其基本组成元素是铁和碳,故统称为铁碳合金。铁碳合金相图是研究在平衡状态下铁碳合金的成分、温度与组织之间关系的重要工具。

(一) 铁碳合金的基本相与组织

在铁碳合金中,Fe、C之间相互作用不同,使铁碳合金固态下的相结构也有固溶体(铁素体与奥氏体)、金属化合物(渗碳体)和机械混合物(珠光体与莱氏体)。

铁碳合金基本组织及其力学性能见表 3-2。

表 3-2　铁碳合金基本组织及其力学性能

名称	符号	组织组成	含碳量/%	σ_s/MPa	δ/%	HBS
铁素体	F	碳在 α-Fe 中形成的间隙固溶体	～0.0218	180～280	30～50	50～80
奥氏体	A	碳在 γ-Fe 中形成的间隙固溶体	～2.11	—	40～60	120～220
渗碳体	Fe_3C	铁与碳作用形成的金属化合物	6.69	30	0	～800
珠光体	P	铁素体与渗碳体的机械混合物	0.77	800	20～35	180
莱氏体	Ld	奥氏体与渗碳体的机械混合物	4.3	—	—	—
	Ld′	珠光体与渗碳体的机械混合物	4.3	—	0	>700

在铁碳合金 5 种基本组织中,F、A、Fe_3C 都是单相组织,是基本相;而 P、Ld(或 Ld′)是由基本相组成的两相组织。

(二) 铁碳合金相图($Fe\text{-}Fe_3C$ 相图)分析

铁碳合金相图是研究在平衡状态下铁碳合金的成分、温度和组织之间关系的图形。利用相图,能了解不同含碳量的铁碳合金在各种不同温度条件下的组织状态,也能了解某一成分的铁碳合金随温度变化时组织状态转变的规律。图 3-13 所示为简化后的铁碳合金相图即 $Fe\text{-}Fe_3C$ 相图。

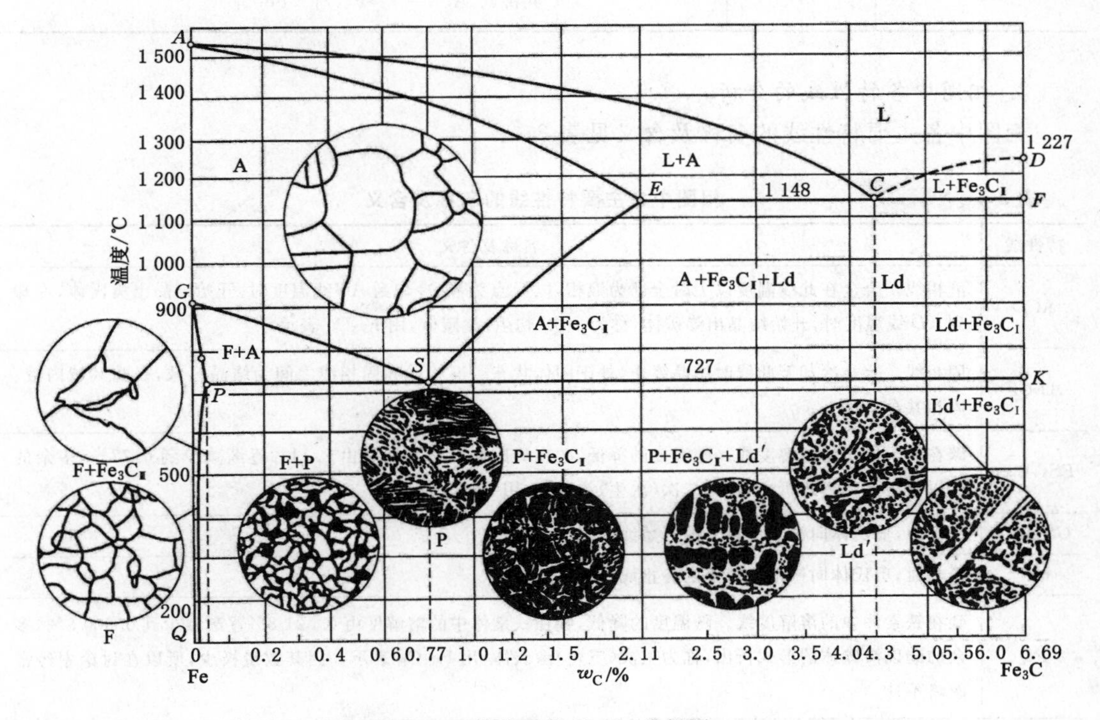

图 3-13　简化后的 $Fe\text{-}Fe_3C$ 相图

铁碳合金相图的纵坐标代表温度(℃),横坐标代表铁碳合金的成分,常用含碳量(百分质量)表示。例如,横坐标左端原点为含碳量0%即代表纯铁;横坐标右端末点含碳量为6.69%即代表渗碳体(Fe_3C)。温度改变时,合金由一种相状态转变为另一种相状态,称为相变。相图中意义相同的点连接成线,称为相变线。相变线在相图上划分出的区域,称为相区。

1. 相图中特性点的分析

相图中各特性点的温度、含碳量、名称及含义见表3-3。

表3-3　相图中各主要特性点的温度、含碳量、名称及含义

特性点符号	温度/℃	含碳量/%	名称及含义
A	1 538	0	纯铁的熔点(或称结晶温度)
C	1 148	4.3	共晶点:$L_C \xrightarrow{1\,148\ ℃} Ld_C(A_E+Fe_3C_{Ⅰ})$
D	1 227	6.69	渗碳体的熔点(计算值)
E	1 148	2.11	碳在γ-Fe中的最大溶解度
G	912	0	纯铁的同素异构转变点:$\gamma\text{-Fe} \xrightarrow{912\ ℃} \alpha\text{-Fe}$
P	727	0.021 8	碳在α-Fe中的最大溶解度
Q	室温	0.000 8	室温时碳在α-Fe中的溶解度
S	727	0.77	共析点:$A_S \xrightarrow{727\ ℃} P_S(F_P+Fe_3C_{Ⅱ})$

2. 相图中各特性线的分析

相图中各主要特性线的名称及含义见表3-4。

表3-4　相图中各主要特性线的名称及含义

特性线	名称及含义
ACD	液相线。合金在此线温度以上时全部为液相,以*C*点为界,冷却到*AC*线温度时,开始结晶出奥氏体,冷却到*CD*线温度时,开始结晶出渗碳体,称为一次(初生)渗碳体,用$Fe_3C_{Ⅰ}$表示
AECF	固相线。合金冷却至此线时结晶终止,处于固体状态。液相线和固相线之间为结晶区域,在此区域内液、固相共存
$ES(A_{cm})$	碳在奥氏体中的溶解度线。随温度的降低,碳在奥氏体中的溶解度由2.11%逐渐减少到0.77%,多余的碳以渗碳体的形式析出,称为二次(次生)渗碳体,用$Fe_3C_{Ⅱ}$表示
$GS(A_3)$	冷却时,奥氏体向铁素体转变的开始线
GP	冷却时,奥氏体向铁素体转变的终止线
PQ	碳在铁素体中的溶解度线。随温度的降低,碳在铁素体中的溶解度由0.021 8%逐渐减少到0.000 8%,多余的碳以渗碳体的形式析出,称为三次(三生)渗碳体,用$Fe_3C_{Ⅲ}$表示。因其数量极少,所以在讨论中经常忽略不计

续表 3-4

特性线	名称及含义
ECF	共晶线。*E* 点至 *F* 点之间的合金冷却到此线温度(1 148 ℃)时将发生共晶转变，从液相中同时结晶出奥氏体和渗碳体的混合物(高温莱氏体)，其转变式为：$L_C \xrightleftharpoons{1\,148\ ℃} Ld_C(A_E + Fe_3C_{Ⅰ})$
PSK(A_1)	共析线。*P* 点至 *K* 点之间的合金冷却到此线温度(727 ℃)时将发生共析转变，从奥氏体中同时析出铁素体和渗碳体的混合物(珠光体)，其转变式为：$A_S \xrightleftharpoons{727\ ℃} P_S(F_P + Fe_3C_{Ⅱ})$； 高温莱氏体中的奥氏体转变为珠光体后，称为低温莱氏体，用 Ld′表示

3. 相图中各相区分析

相图中共有 4 个单相区(L 相区、A 相区、F 相区、Fe_3C 相区)、5 个双相区(L+A 相区、L+Fe_3C 相区、A+F 相区、A+Fe_3C 相区、F+Fe_3C 相区)和 2 个三相区(L+A+Fe_3C 相区、A+F+Fe_3C 相区)。

(三) 铁碳合金分类

根据含碳量和组织的不同，可将铁碳合金分为钢和白口生铁两类，见表 3-5。

表 3-5 铁碳合金的分类及室温组织

合金种类	钢 ($w_C \leqslant 2.11\%$的铁碳合金)			白口生铁 ($w_C > 2.11\%$的铁碳合金)		
	亚共析钢	共析钢	过共析钢	亚共晶白口生铁	共晶白口生铁	过共晶白口生铁
w_C/%	<0.77	=0.77	>0.77	<4.3	=4.3	>4.3
室温平衡组织	F+P	P	P+$Fe_3C_{Ⅱ}$	P+$Fe_3C_{Ⅱ}$+Ld′	Ld′	Ld′+$Fe_3C_{Ⅰ}$

注：工业纯铁($w_C \leqslant 0.021\,8\%$的铁碳合金)，因其强度低，极少应用，故表中未列入。

(四) 典型合金的冷却过程及组织转变

Fe-Fe_3C 相图中的典型合金如图 3-14 所示。各合金的成分垂线与相图中相变线的交点即为其相变点(临界点)。

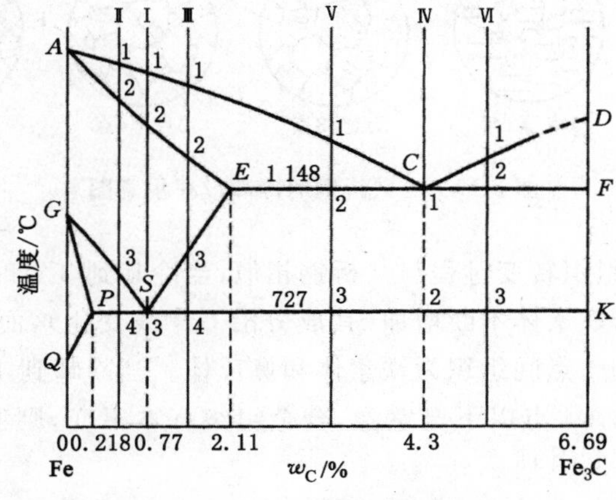

图 3-14 Fe-Fe_3C 相图中的典型合金

1. 合金Ⅰ(共析钢)

图 3-14 中合金Ⅰ为共析钢，其冷却过程如图 3-15 所示。

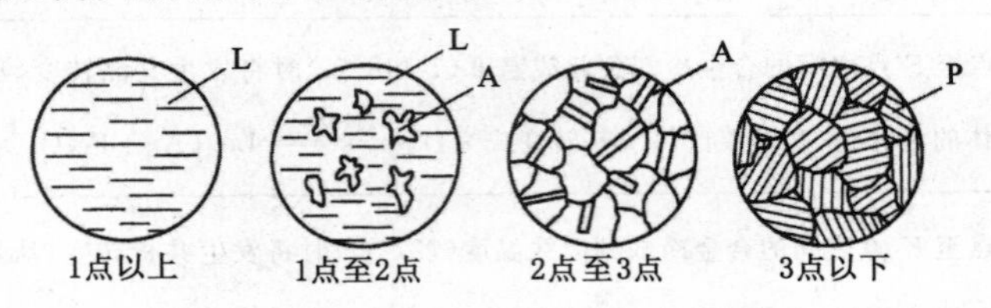

图 3-15　共析钢的冷却过程示意图

合金在 1 点温度以上为液相 L，当缓慢冷却到 1 点时，开始从液相中结晶出奥氏体，直至 2 点结晶结束。在 2 点和 3 点间为单相奥氏体，继续冷却到 3 点（S 点）时，奥氏体发生共析转变，转变为珠光体。继续冷却时从铁素体中析出三次渗碳体，因数量极少且不易分辨，可忽略不计，则共析钢的室温组织为珠光体（铁素体与渗碳体交替分布的层片状组织）。其显微组织如图 3-16 所示。

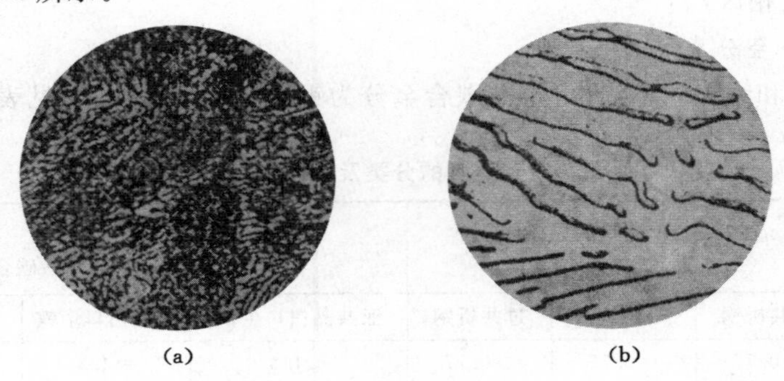

图 3-16　共析钢的显微组织

(a) 4%硝酸酒精侵蚀 500×1；(b) 4%硝酸酒精侵蚀 2 500×1

2. 合金Ⅱ(亚共析钢)

图 3-14 中合金Ⅱ为亚共析钢，其冷却过程如图 3-17 所示。

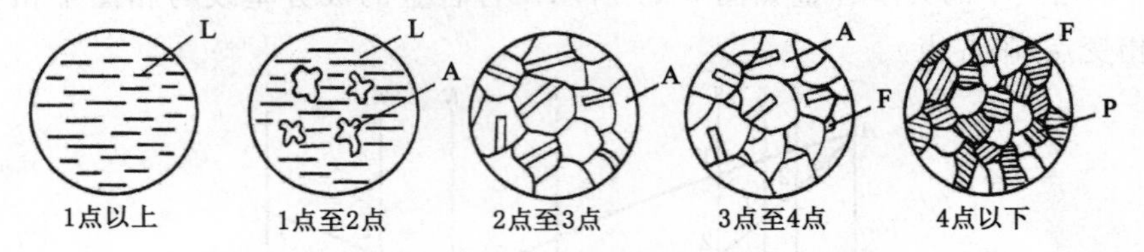

图 3-17　亚共析钢的冷却过程示意图

合金在 3 点以上的组织转变过程与共析钢相似，当冷却到 3 点时，奥氏体开始转变为铁素体。随着温度的降低，铁素体不断增加（其成分沿 GP 线变化），而奥氏体不断减少（其成分沿 GS 线变化），3 点和 4 点间组织为铁素体和奥氏体。当冷却到 4 点时，剩余奥氏体发生共析转变，转变为珠光体。4 点以下至室温，合金组织基本不变，则亚共析钢的室温组织为 F＋P。其显微组织如图 3-18 所示。

所有亚共析钢在冷却时的组织转变及室温组织均相似，其差别在于随含碳量增加，室温

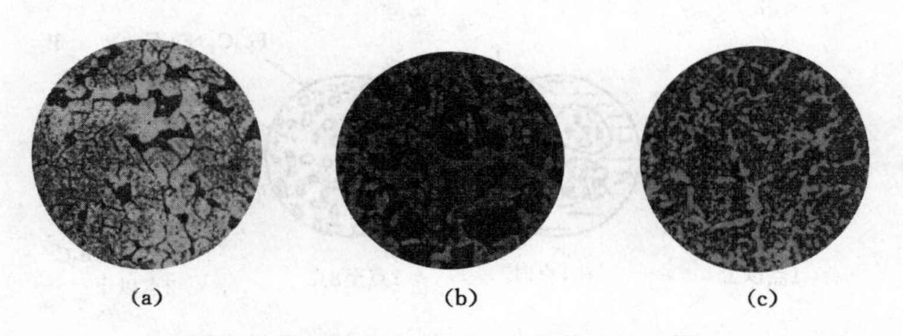

图 3-18 亚共析钢的显微组织

(a) 20 钢退火组织；(b) 45 钢退火组织；(c) 60 钢退火组织

组织中珠光体量增多，铁素体量减少。

3. 合金Ⅲ(过共析钢)

图 3-14 中合金Ⅲ为过共析钢，其冷却过程如图 3-19 所示。

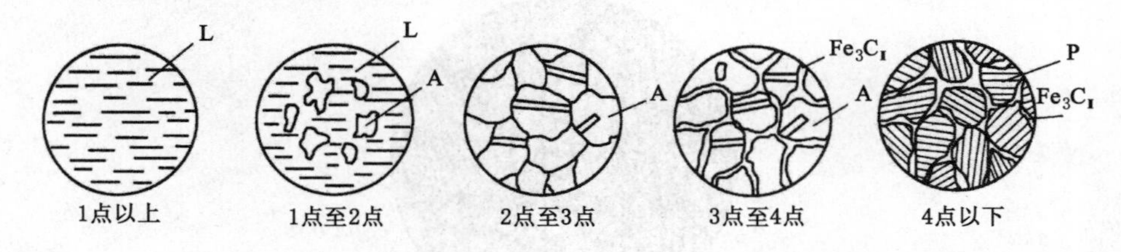

图 3-19 过共析钢的冷却过程示意图

过共析钢与亚共析钢的主要区别是当冷却到 3 点时，从奥氏体晶界处析出二次渗碳体，随着二次渗碳体的析出，奥氏体中的含碳量沿 *ES* 线不断下降。当冷至 4 点时，奥氏体发生共析转变，转变为珠光体，最后得到的室温组织为 $P+Fe_3C_{II}$。其显微组织如图 3-20 所示。

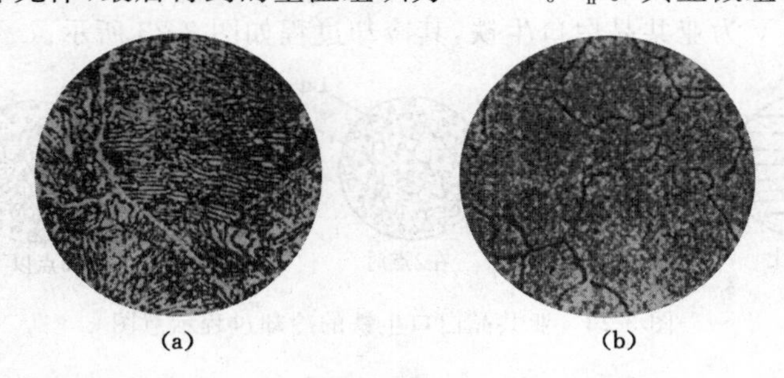

图 3-20 过共析钢($w_C=1.2\%$)的显微组织

(a) 4%硝酸酒精侵蚀；(b) 碱性苦味酸钠水溶液

所有过共析钢在冷却时的组织转变及室温组织均相似，其差别在于随含碳量增加，室温组织中珠光体减少，二次渗碳体增多，当钢的含碳量达到 2.11%时，二次渗碳体达到最大值。

4. 合金Ⅳ(共晶白口生铁)

图 3-14 中合金Ⅳ为共晶白口生铁，其冷却过程如图 3-21 所示。

合金在 1 点(*C* 点)温度以上为液相，缓冷到 1 点时发生共晶转变，形成高温莱氏体(A_E+

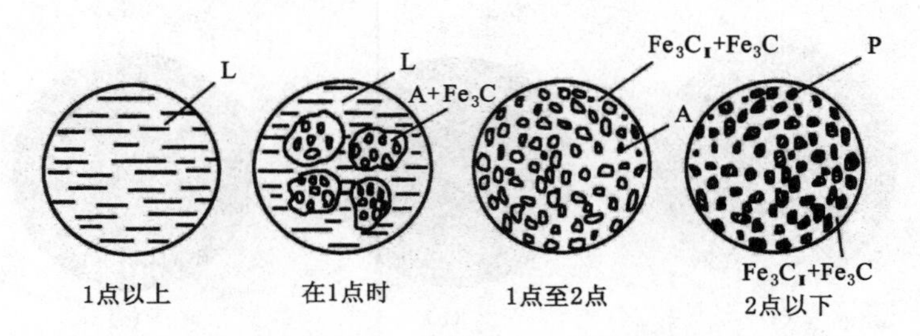

图 3-21 共晶白口生铁的冷却过程示意图

$Fe_3C_Ⅰ$）。继续冷却时，共晶奥氏体中不断析出二次渗碳体，当冷却到 2 点时，奥氏体发生共析转变，形成珠光体，即高温莱氏体变为低温莱氏体（$P_S+Fe_3C_Ⅱ+Fe_3C_Ⅰ$）。继续冷却至室温，组织基本不变，则共晶白口生铁的室温组织为低温莱氏体。其显微组织如图 3-22 所示。

图 3-22 共晶白口生铁的显微组织

5. 合金Ⅴ(亚共晶白口生铁)

图 3-14 中合金Ⅴ为亚共晶白口生铁，其冷却过程如图 3-23 所示。

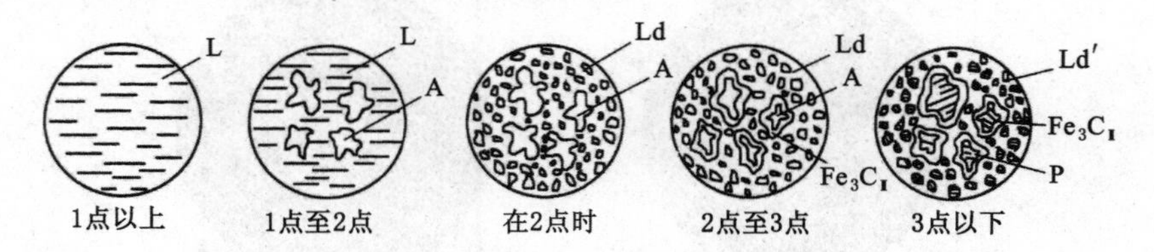

图 3-23 亚共晶白口生铁的冷却过程示意图

合金在 1 点（*C* 点）温度以上为液相，缓冷到 1 点时从液相中结晶出奥氏体，随温度降低，奥氏体不断增多（其成分沿 *AE* 线变化），液相不断减少（其成分沿 *AC* 线变化）。冷却到 2 点时，剩余液相发生共晶转变，形成高温莱氏体。2 点和 3 点之间，奥氏体的成分沿 *ES* 线变化，并不断析出二次渗碳体。冷却到 3 点时，奥氏体发生共析转变，形成珠光体。继续冷却至室温，组织基本不变，则亚共晶白口生铁的室温组织为 $P+Fe_3C_Ⅱ+Ld'$。其显微组织如图 3-24 所示。

所有亚共晶白口生铁在冷却时的组织转变及室温组织均相似，其差别在于随含碳量增加，室温组织中低温莱氏体量增多，其他量相对减少。

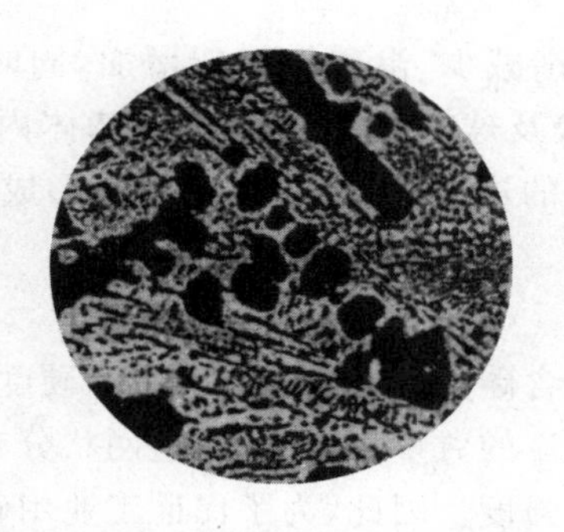

图 3-24　亚共晶白口生铁的显微组织

6. 合金Ⅵ(过共晶白口生铁)

图 3-14 中合金Ⅵ为过共晶白口生铁,其冷却过程如图 3-25 所示。

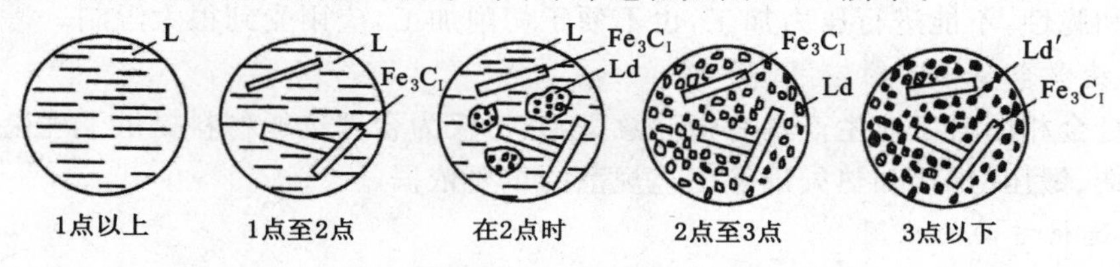

图 3-25　过共晶白口生铁的冷却过程示意图

合金在 1 点(*C* 点)温度以上为液相,缓冷到 1 点时从液相中结晶出板条状一次渗碳体,随温度降低,一次渗碳体不断增多,液相不断减少(其成分沿 *CD* 线变化)。冷却到 2 点时,剩余液相发生共晶转变,形成高温莱氏体。2 点和 3 点之间,共晶奥氏体的成分沿 *ES* 线变化,并不断析出二次渗碳体,冷却到 3 点时,奥氏体发生共析转变,形成珠光体。3 点以后至室温,组织基本不变,则过共晶白口生铁的室温组织为 $Ld'+Fe_3C_Ⅰ$。其显微组织如图 3-26 所示。

图 3-26　过共晶白口生铁的显微组织

所有过共晶白口生铁在冷却时的组织转变及室温组织均相似,其差别在于随含碳量增加,室温组织中一次渗碳体增多。

(五) 含碳量对铁碳合金组织、性能的影响

1. 对室温组织的影响

由 $Fe\text{-}Fe_3C$ 相图可知,铁碳合金的室温平衡组织是由铁素体和渗碳体两相组成的。

随着含碳量的增加，铁素体逐渐减少，渗碳体相应增加，同时渗碳体的存在形态与分布情况也随之发生变化。即由片状及球状分布在铁素体基体内(P)，再以网状渗碳体分布在晶界上(Fe_3C_{II})。随着含碳量的进一步增加，在生铁中形成莱氏体时，渗碳体则作为基体出现。

2. 对力学性能的影响

当含碳量≤0.9%时，随着含碳量的增加，钢的强度、硬度提高，而塑性、韧性降低；但是，当含碳量>0.9%时，由于Fe_3C_{II}的数量急剧增多，呈网状分布于晶界上，不仅降低了钢的塑性、韧性，而且明显降低了钢的强度。因此，为了保证工业用碳钢具有足够的强度和塑性、韧性，其含碳量一般为1.3%～1.4%，且应设法使Fe_3C_{II}不呈连续网状分布。

含碳量大于2.11%的白口生铁，因组织中有硬而脆的莱氏体，特别是当含碳量接近共晶成分($w_C=4.3\%$)时，莱氏体成为主要组织，Fe_3C是合金的主要组成相，因此生铁具有很高的硬度和脆性，不能进行压力加工，也不便于切削加工，应用受到很大限制。

(六) 铁碳合金相图的应用

铁碳合金相图对工业生产具有指导意义，它不仅为合理选择材料提供了理论基础，而且是制订铸造、锻压、焊接和热处理等工艺规范的重要依据。

1. 在选材方面的应用

$Fe\text{-}Fe_3C$相图揭示了铁碳合金的组织随成分变化的规律，根据组织可以判断其大致性能，便于合理选材。如建筑结构和各种型钢需要塑性、韧性好的材料，应采用低碳钢($w_C<0.25\%$)；各种机械零件需要强度、塑性及韧性都较好的材料，应采用中碳钢($0.25\%\leqslant w_C\leqslant 0.60\%$)；各种工具需要硬度高、耐磨性好的材料，应采用高碳钢($w_C>0.60\%$)。

白口生铁的耐磨性好，铸造性能优良，适于耐磨、不受冲击、形状复杂的铸件，例如拔丝模、冷轧辊、火车车轮、犁铧、球磨机铁球等，还可用于生产可锻铸铁的毛坯。

2. 在制订工艺规范方面的应用

(1) 铸造方面

根据$Fe\text{-}Fe_3C$相图，可以确定合适的浇注温度。由相图可知，共晶成分的合金，其结晶间隔最小(为零)，故流动性好，体积收缩小，有可能获得致密的铸件；共晶合金的熔点低，可以用比较简单的熔炼设备，而钢的熔点明显增高200～300 ℃，需要复杂的熔炼设备(如电炉等)。因此在铸造生产中，接近共晶成分的合金被广泛应用。

(2) 锻造方面

由$Fe\text{-}Fe_3C$相图可知，钢在高温时可获得单相奥氏体组织，强度低、塑性好，便于塑性变形加工。因此，钢材的锻造或轧制应选择在具有单相奥氏体区的温度范围内进行。一般始锻(轧)温度控制在固相线以下100～200 ℃范围内，温度不宜太高，以免钢材氧化严重；而终锻(轧)温度也不能过低，以免钢材塑性差，在锻造或轧制过程中产生裂纹。各种碳钢合适的锻造或轧制温度范围如图3-27所示。

(3) 焊接方面

焊接时从焊缝到母材各区域的加热温度是不同的。由$Fe\text{-}Fe_3C$相图可知，在不同加热温度下会获得不同的组织与性能，因此在随后的冷却中也就可能出现不同的组织与性能，这就需要在焊接后采用热处理方法加以改善。

(4) 热处理方面

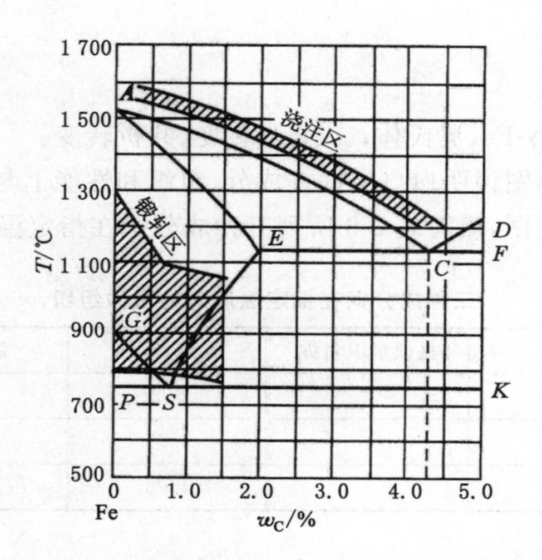

图 3-27　Fe-Fe_3C 相图与铸、锻等工艺的关系

热处理与 Fe-Fe_3C 相图有着更为直接的关系，各种热处理工艺的加热温度都要参考 Fe-Fe_3C 相图进行确定，这将在后续项目中讨论。

Fe-Fe_3C 相图尽管应用广泛，但仍有一些局限性，如相图不能说明快速加热或冷却时铁碳合金组织的变化规律；相图上各相的相变温度（临界点）都是在平衡条件（极其缓慢地加热和冷却）下测得的。此外，通常使用的铁碳合金中，除含铁、碳两元素外，尚有其他多种杂质或合金元素，这些元素对相图将有影响，应予以考虑。

任务实施

（1）合金相图（又称为合金状态图或合金平衡图）是表示在平衡条件下合金的成分、温度与组织之间关系的坐标图形。

（2）铁碳合金相图是研究在平衡状态下铁碳合金的成分、温度与组织三者之间关系的重要工具。

（3）在铁碳合金的室温平衡组织中，随着含碳量的增加，铁素体相对含量逐渐减小，渗碳体相对含量逐渐增多，即按下列顺序发生变化：$F+P \rightarrow P \rightarrow P+Fe_3C_{II} \rightarrow P+Fe_3C_{II}+Ld' \rightarrow Ld' \rightarrow Ld'+Fe_3C_I$。

（4）当钢中 $w_C \leqslant 0.9\%$ 时，随着含碳量的增加，钢的强度、硬度提高，而塑性、韧性降低；当 $w_C > 0.9\%$ 时，由于 Fe_3C_{II} 的数量急剧增多，呈网状分布于晶界上，不仅降低了钢的塑性、韧性，而且明显降低了钢的强度。

（5）Fe-Fe_3C 相图在生产实践中的应用：一是作为选材的依据；二是制订各种热加工工艺的依据。

思考与练习

（1）下列情况是否有相的改变？

① 液态金属凝固；② 晶粒由细变粗；③ 同素异晶转变；④ 磁性转变。

（2）为什么铸造合金常选用靠近共晶成分的合金，压力加工合金则选用单相固溶体成分的合金?

(3) 比较下列名词:

① α-Fe、铁素体;② γ-Fe、奥氏体;③ 共晶转变、共析转变。

(4) 根据 Fe-Fe_3C 相图说明白口生铁在成分、组织和性能上与钢有何区别。

(5) 根据 Fe-Fe_3C 相图,填写表 3-6 所列三种成分钢在指定温度时的显微组织。

表 3-6　三种成分钢在指定温度时的显微组织

含碳量/%	温度/℃	显微组织名称	含碳量/%	温度/℃	显微组织名称
0.20	800		0.2	920	
0.77	650		0.77	770	
1.20	750		1.20	950	

(6) 随着钢中含碳量的增加,钢的力学性能如何变化?为什么?

(7) 将含碳量分别为 0.45%、0.77% 和 1.2% 的碳钢试样 A、B、C 进行力学性能试验和金相显微组织观察,试回答如下问题:

① 试样的室温平衡组织分别是:A ________;B ________;C ________。

② ________试样的组织中有 Fe_3C 网存在。

③ ________试样的组织中 F 量最多。

④ ________试样的组织中 Fe_3C 量最多。

⑤ ________试样的塑性最好;________试样的塑性最差。

⑥ ________试样的强度最高;________试样的硬度最高。

(8) 根据 Fe-Fe_3C 相图解释下列现象:

① 在进行热轧和锻造时,通常将钢材加热到 1 000～1 250 ℃;

② 钢铆钉一般用低碳钢制作;

③ 在 1 100 ℃时,含碳量为 0.4% 的钢能进行锻造,而含碳量为 4.0% 的铸铁不能锻造;

④ 室温下,含碳量为 0.9% 的碳钢比含碳量为 1.2% 的碳钢强度高;

⑤ 钳工锯削 T10 钢、T12 钢比锯削 20 钢、30 钢费力,锯条易磨钝;

⑥ 绑扎物件一般用铁丝(镀锌低碳钢丝),而起重机吊重物时却用钢丝绳(60 钢、65 钢、70 钢等制成)。

项目四　金属材料的强化与表面处理

经过强化的金属材料具有较高的承载能力，能提高零件质量，延长使用寿命，保证使用安全，节约金属材料，并且可以改善机器的整体性能，实现经久耐用、结构紧凑、自重减轻、成本降低。因此，寻求金属的强化途径是一项非常重要的工作。

本项目共分四项基本任务。

任务一　细晶强化

【知识要点】　晶粒大小对金属力学性能的影响；晶粒大小的影响因素；生产中常用细化晶粒的方法；金属铸锭的组织。

【技能目标】　掌握晶粒大小对金属力学性能的影响；掌握生产中常用细晶强化的方法。

任务导入

如前所述，金属或合金结晶后形成由许多晶粒组成的多晶体组织，晶粒大小是金属组织的重要标志之一。晶粒的大小对金属的力学性能、物理性能和化学性能均有很大影响。一般情况下，晶粒越细小，则金属的强度和硬度越高，同时塑性和韧性也越好。

任务分析

金属的强度、硬度与塑性、韧性随晶粒细化而提高的现象称为细晶强化。细化晶粒是使金属材料强韧化的有效途径。金属的铸锭组织及质量直接影响铸件的使用性能与使用寿命，金属的铸锭组织及质量也影响到压力加工后型材的质量。

相关知识

一、晶粒大小及其影响因素

晶粒的大小称为晶粒度，用单位体积内晶粒的数目 Z 表示，Z 越大，晶粒越细小。金属结晶后的晶粒度取决于结晶时的形核率 N(单位时间在单位体积液体金属中所产生的晶核数目)和长大率 G(单位时间内晶核长大的线速度)。结晶时形核率 N 越大，晶核长大率 G 越小，结晶后单位体积内的晶粒数目 Z 就越大，晶粒就越细小。晶粒越细，塑性变形越可分散在更多的晶粒内进行，使塑性变形越均匀、内应力集中越小；而且晶粒越细，晶界面越多，晶界就越曲折，晶粒与晶粒间犬牙交错的机会就越多，越不利于裂纹的传播和发展，彼此就越紧固，强度和韧性就越好。因此，细化晶粒是使金属材料强韧化的有效途径。

影响形核率 N 和长大率 G 最主要的因素，是结晶时的过冷度和液体中的不熔杂质。

二、生产中常用的细化晶粒的方法

（一）增加过冷度

如图 4-1 所示，金属的形核率 N 和长大率 G 均随过冷度 ΔT 变化而变化，但两者变化速率并不相同，当过冷度达到一定值后，形核率比长大率增长更快，因此增加过冷度能使晶粒细化。

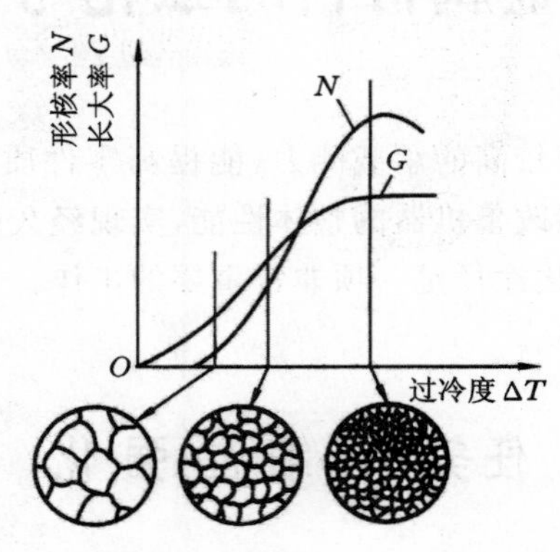

图 4-1 过冷度对形核率和长大率的影响

增加过冷度，就是要提高金属的冷却速度。实际生产中常采用降低铸型温度和采用导热系数大的金属铸型来提高冷却速度。

（二）进行变质处理

提高冷却速度以细化晶粒只能用于小件或薄壁件生产，对于大件或厚壁铸件，要获得很大的冷却速度是比较困难的，而冷却速度的增加会引起铸件应力的增加，导致铸件的变形或开裂。在实际生产中常采用变质处理（也称孕育处理）的方法来细化晶粒。

变质处理是在浇注前向液态金属中加入某种物质（称为变质剂或孕育剂），使其分散在金属液中形成大量不熔的固态小质点，起到人工晶核（非自发晶核）的作用，使晶核数目显著增加，从而细化晶粒的方法。例如，往铝液中加入钛、硼，往钢液中加入钛、锆、铝，往铁液中加入硅铁、硅钙合金等，都可细化晶粒。

（三）附加振动

在金属结晶时，利用机械振动、超声波振动、电磁波振动等措施，既可使正在生长的晶体破碎而细化，又可使破碎的枝晶尖端起晶核作用，增大形核率，从而细化晶粒。

此外，采用压力加工和热处理等方法，还能进一步细化固态晶粒。

三、金属铸锭的组织

在金属液体的实际冷却中，除受过冷度和不熔杂质影响外，还受到铸造工艺条件（如浇注温度、浇注方法、铸件截面尺寸等）的影响。图 4-2 所示为一般金属铸锭截面的组织示意图。由图可以看出，整个铸锭由三个晶粒形状不同的晶区组成，即：表面细晶区（由于最靠近模壁，冷却速度最快，过冷度大，结晶时的生核率高，因此结晶成细晶粒层）、柱状晶区（因钢液垂直于模壁向外散热最快，使晶粒容易朝着与散热相反的方向生长，因而形成柱状晶粒）和中心等轴晶区（由于远离模壁，冷却速度较慢，过冷度小，生核率低。且散热的方向性已不明显，因此形成较粗大的等轴晶粒）。

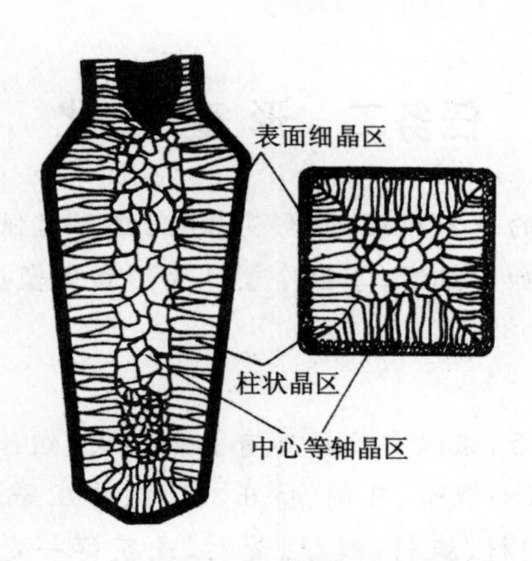

图 4-2　金属铸锭截面组织示意图

上述三层组织中，细晶区很薄，对金属性能影响不大。柱状晶区虽然较中心等轴晶区致密，但在铸锭横截面上柱状晶区交界处，常分布着低熔点杂质和非金属夹杂物，形成脆弱界面，在对钢锭进行轧制、热锻时容易开裂，所以钢锭中不希望柱状晶区发展。但对塑性好的有色金属及合金，在压力加工时不会产生开裂现象，为获得致密的铸锭，则希望柱状晶区能贯穿铸锭的整个截面。中心等轴晶区无脆弱面，但组织疏松，杂质较多，力学性能较低。

在金属铸锭中，除组织不均匀外，还经常存在缩孔、疏松、气孔、裂纹和偏析等缺陷，这些缺陷也会影响铸锭或铸件的质量和性能。

任务实施

(1) 细晶粒组织的材料具有较高的综合力学性能，即强度、硬度、塑性及韧性都比较好，所以生产中对控制金属材料的晶粒大小很重视。

(2) 影响金属结晶后晶粒大小的主要元素是形核率与长大率。

(3) 生产中常用的细晶强化方法有：增大过冷度、变质处理、附加振动等。

思考与练习

(1) 金属的晶粒大小对金属的力学性能有什么影响？影响金属结晶后晶粒大小的主要因素有哪些？生产中常用哪些方法获得细晶粒组织？

(2) 如果其他条件相同，试比较下列铸造条件下铸件晶粒的大小：

① 金属型浇注与砂型浇注；

② 浇注温度较高与较低；

③ 铸成薄壁件与铸成厚壁件；

④ 厚大铸件的表面部分与中心部分；

⑤ 浇注时采用振动与不采用振动。

(3) 为什么铸件的加工余量过大，反而会使加工后的铸件强度降低？

(4) 晶核有几种？非自发晶核对实际生产有何作用？

(5) 什么是变质处理(孕育处理)？为何能细化晶粒？

任务二 形变强化

【知识要点】 金属塑性变形的基本原理；冷形变强化；热形变强化。

【技能目标】 了解金属塑性加工机理；掌握冷塑性变形和热塑性变形对金属性能的影响。

任务导入

金属或合金在冶炼浇铸后，组织中往往具有晶粒粗大、组织不均匀和不致密等缺陷，所以大多数需经压力加工方法（如锻造、轧制、挤压、拉拔、冲压等）使其产生塑性变形，改变材料的组织和性能，获得各种型材、板材、线材、管材，或获得一定形状和尺寸的零件或毛坯。因此，了解塑性变形的产生及其对金属组织与性能的影响，对于正确加工和合理使用金属材料是很重要的。

任务分析

形变强化是利用大多数金属材料具有良好塑性的特点，对其施以塑性变形，在成形的同时改变其组织、结构，从而使其强化的方法。在塑性变形时，金属材料的组织和性能的改变，有时会妨碍金属的加工和使用，应设法解决。

相关知识

一、金属塑性变形的基本原理

单晶体的塑性变形主要以滑移（在切应力 τ 作用下，晶体的一部分相对于另一部分沿着一定晶面或晶向发生移动的现象）方式进行，而滑移是通过晶体内的位错运动（位错在切应力作用下移动的现象）来实现的，如图 4-3 所示。大量位错运动的宏观表现就是金属的塑性变形。

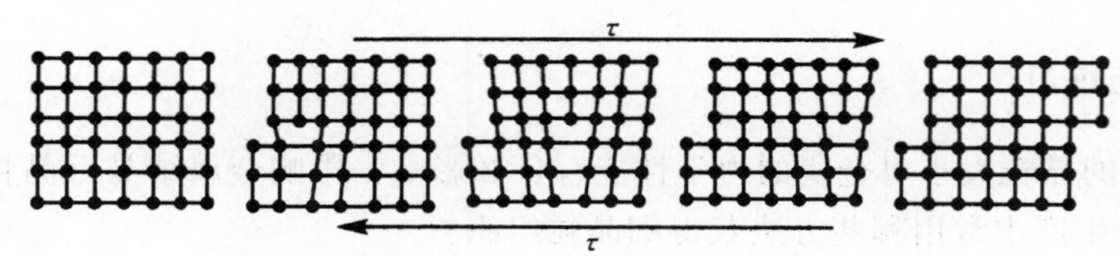

图 4-3 位错运动造成滑移的示意图

多晶体是由形状、大小、位向不同的许多晶粒组成的，各晶粒在塑性变形时将受到周围位向不同的晶粒及晶界的影响与约束。显然，多晶体的塑性变形要比单晶体复杂得多，不仅有晶粒内的滑移，还有晶粒间的相对移动和转动。

各晶粒位向不同，且晶界处原子排列紊乱，晶格畸变较大，并且杂质常存在其间，使金属在塑性变形时各晶粒互相牵制，互相阻碍，滑移困难，变形抗力高。晶粒越细小，晶界越多，变形阻力越大，所以强度越高；同时，晶粒越细小，变形可分散在更多的晶粒内进行，使变形比较均匀而不致产生过分的应力集中现象；此外，晶粒越细小，晶界越多，越不利于裂纹的传播，在断裂前能承受较大的塑性变形，表现出较高的塑性和韧性。

二、冷形变强化(加工硬化)

金属随冷塑性变形量的增加，强度、硬度提高的现象，称为冷形变强化(加工硬化)。

(一) 冷塑性变形对金属组织结构的影响

如图 4-4 所示，塑性变形使金属的晶粒沿变形方向伸长(晶体缺陷增加，晶格发生畸变)，当变形量很大时，晶粒伸长成细条状或纤维状，晶界也变得模糊，出现细碎的亚晶粒，位错密度增大，这种组织称为冷加工纤维组织，如图 4-4(c)所示。冷加工纤维组织会使金属的性能呈现各向异性，例如纵向(沿纤维方向)的强度和塑性远大于横向(垂直于纤维方向)，并产生较大的残余内应力。

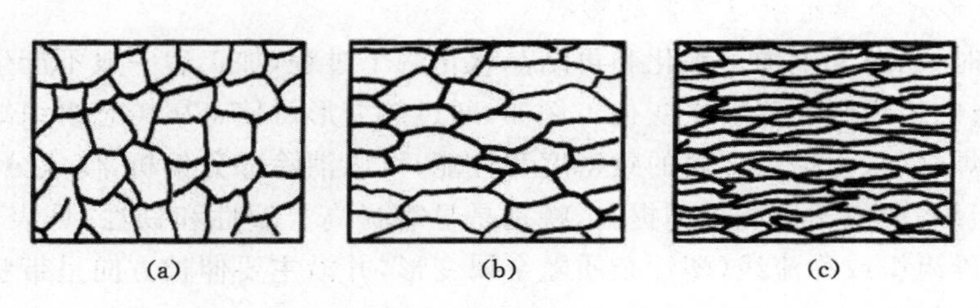

图 4-4　变形前后晶粒形状的变化示意图

(a) 变形前；(b) 变形中；(c) 变形后形成纤维组织

(二) 冷塑性变形金属的热处理

加工硬化是强化金属材料的重要手段，特别是热处理无法强化的金属材料，如纯金属、多数铜合金、铬镍不锈钢和高锰钢等，加工硬化更是唯一有效的强化方法。即使是可热处理强化的金属材料，也可通过加工硬化进一步提高其强度和硬度。生产中，常采用冷轧、冷拔、冷挤压等加工方法，获得高强度的冷轧钢板、冷拉钢丝和冷卷弹簧等；用高锰钢制成的坦克和拖拉机履带、破碎机颚板以及铁路的道岔等，也都是利用冷变形强化来提高其强度和耐磨性的。但是，加工硬化也有其不利的一面，由于塑性的降低，可能给金属材料的进一步变形加工带来困难；某些物理、化学性能变坏(如使金属电阻增加，耐蚀性降低)，也会影响一些零件的使用。如图 4-5 所示。

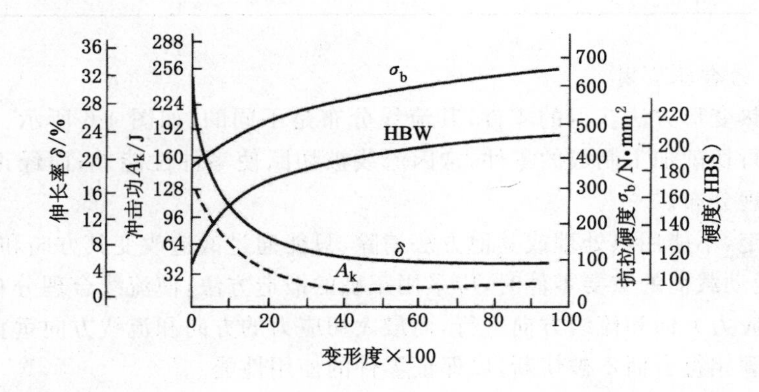

图 4-5　冷塑性变形对低碳钢力学性能的影响

生产中常用低温去应力退火以消除残余内应力而保留加工硬化的性能，如用冷拔钢丝卷制的弹簧，在卷成之后要进行200～300 ℃的去应力退火，以消除卷制时产生的残余内应力使其定型；为了消除变形金属的加工硬化现象则需进行再结晶退火，即将冷变形的工件加热到再结晶温度（$T_{再} \approx 0.4T_0$）以上保温适当时间，使变形晶粒重新结晶为均匀的等轴晶粒，晶格畸变消失，位错密度下降，因而金属的强度、硬度显著降低，而塑性则显著提高，基本恢复到冷变形前的状态。

三、热形变强化

生产中，把金属加热到再结晶温度以上进行的塑性变形称为热变形（热加工），如热轧、热挤压和热锻等。

（一）热变形对金属组织与性能的影响

在热变形时，同时发生加工硬化和再结晶软化两个过程，加工后一般不产生加工硬化现象，但会使金属的组织和性能发生变化。例如，通过热变形可使金属铸态组织缺陷（如气孔、缩孔、缩松等）焊合，从而提高金属的致密度和性能；可以消除部分偏析，使成分均匀；可以细化晶粒，改善组织，使力学性能得到提高，特别是显著提高了塑性和韧性，见表4-1。还可以形成热加工纤维组织或称流线（塑性杂质随金属变形，并沿主要伸长方向呈带状分布），使金属性能产生各向异性，见表4-2。

表4-1　30钢锻态和铸态力学性能比较

状态	σ_b/MPa	σ_s/MPa	δ/%	ψ/%	a_k/(J/cm^2)
铸态	500	280	15	27	28
锻态	530	310	20	45	56

表4-2　45钢力学性能与流线方向的关系

方向	σ_b/MPa	σ_s/MPa	δ/%	ψ/%	a_k/(J/cm^2)
沿流线方向（纵向）	715	470	17.5	62.8	62
垂直流线方向（横向）	675	440	10	31	30

（二）流线的合理应用

采用不同热变形方法获得的零件，其流线分布是不同的，如图4-6所示。由图可知，直接采用型材进行切削加工制成的零件，常因流线被切断使零件性能差；而经正确锻造后，则使流线得到合理分布。

流线很稳定，不能用热处理或其他方法消除，只能通过锻造改变其方向和分布形态。因此，在制造承受动载荷的重要零件时，应采用正确的锻造方法，使流线合理分布，也就是使工作时的最大正应力方向和流线方向平行，而最大切应力的方向和流线方向垂直，并使流线分布与零件的轮廓相符合而不被切断，以保证零件的使用性能。

生产中常见的金属塑性成形方法（金属压力加工），如轧制、挤压、拉拔、锻造、冲压等都是通过塑性变形来实现的，如图4-7所示。

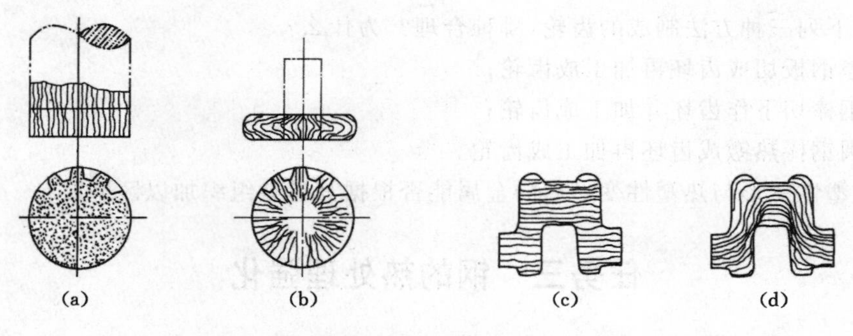

图 4-6　不同加工方法获得的流线分布示意图

(a) 型材直接切削；(b) 锻造成形；(c) 型材直接切削；(d) 锻造成形

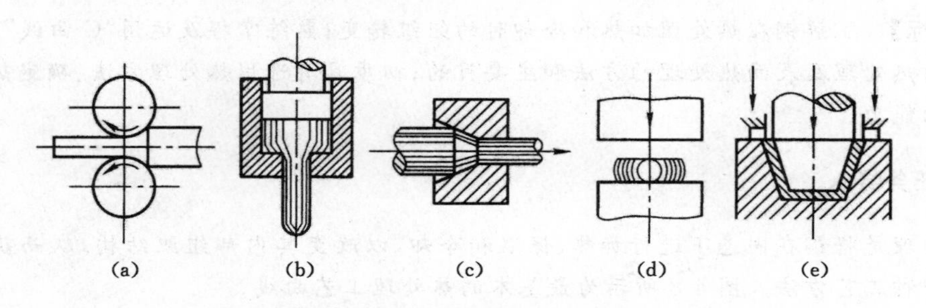

图 4-7　金属塑性成形方法简图

(a) 轧制；(b) 挤压；(c) 拉拔；(d) 自由锻造；(e) 冲压

金属在压力加工时获得优质产品的难易程度称为压力加工性能。良好的压力加工性能体现在塑性变形抗力小而塑性变形能力强。塑性变形抗力小使设备耗能少；良好的塑性使产品获得准确的外形而不遭受破坏。

任务实施

(1) 利用塑性变形，不仅可以使金属材料形成一定的形状，还可以使金属材料强度、硬度提高，以达到节约材料和提高零件承载能力的目的。

(2) 对金属材料施以冷塑性变形，使其强度、硬度提高，但会导致塑性、韧性下降。

(3) 冷塑性变形的金属经过再结晶后，可使原始粗晶粒组织变为细小均匀的等轴晶粒，从而获得强化。

(4) 铸态金属材料经热塑性变形后，力学性能有所提高。

思考与练习

(1) 什么是金属的塑性变形？塑性变形方式有哪些？

(2) 试根据多晶体塑性变形的特点说明为什么细晶粒金属不仅强度高，而且塑性、韧性也好。

(3) 何谓金属的加工硬化？生产中加工硬化现象有何利弊？

(4) 造成金属加工硬化的原因是什么？怎样消除金属的加工硬化？

(5) 金属经热塑性变形后，其组织和性能有何变化？

(6) 用下列三种方法制成的齿轮,哪种合理? 为什么?

① 用厚钢板切成齿坯再加工成齿轮;

② 用钢棒切下作齿坯并加工成齿轮;

③ 用圆钢棒热镦成齿坯再加工成齿轮。

(7) 冷塑性变形与热塑性变形后的金属能否根据其显微组织加以区别?

任务三 钢的热处理强化

【知识要点】 钢的热处理基本原理;钢的普通热处理工艺;钢的表面热处理工艺;热处理工艺应用举例;热处理零件的结构工艺性;热处理技术条件的标注。

【技能目标】 了解钢在热处理加热和冷却时的组织转变;熟练掌握及运用"C曲线"图;掌握钢的普通热处理及表面热处理的方法和主要目的;初步具有选用热处理方法、确定热处理工序位置的能力。

任务导入

热处理是将钢在固态下进行加热、保温和冷却,以改变其内部组织结构,从而获得所需性能的一种工艺方法。图4-8所示为最基本的热处理工艺曲线。

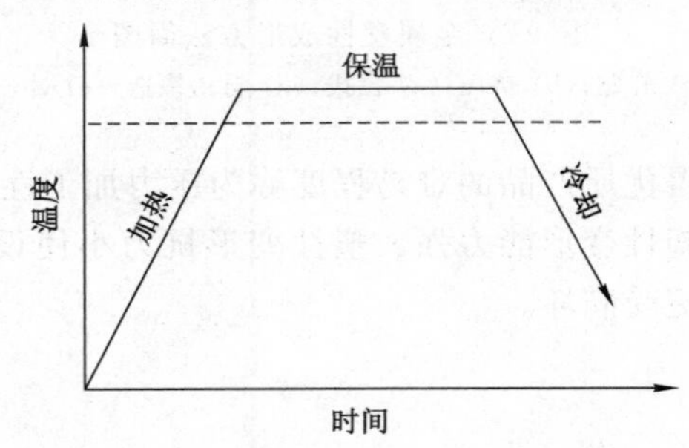

图4-8 最基本的热处理工艺曲线

热处理既可用于消除上一工艺过程所产生的缺陷(如铸、锻、焊及各种加工所造成的粗大不均匀组织和残余内应力等),也可以为下一工艺过程创造条件(如改善毛坯的切削加工性,为零件淬火等最终热处理做组织准备),起着承上启下的作用,更重要的是可进一步提高钢的性能,从而充分发挥钢材的潜力。

任务分析

热处理是机械零件及工具制造中的重要工序,对挖掘材料强度潜力、改善零件的使用性能、提高产品质量、延长使用寿命具有极其重要的意义。例如,共析钢的室温平衡组织珠光体的强度σ_b约为800 MPa,而若将其加热至单相奥氏体状态,然后投入水中急冷,所得组织的强度σ_b可大于2 000 MPa,强度提高了一倍多。此外,对同一种合金采用不同的热处理方法,还可以使其获得不同的性能,见表4-3。

表 4-3　　45 钢奥氏体化后在不同介质中冷却后的力学性能

冷却介质	σ_s/MPa	σ_b/MPa	δ/%	ψ/%	HRC
随炉	280	530	32	50	15～18
空气	340	670～720	15～18	45～50	18～24
油	620	900	18～20	48	40～50
水	720	1100	7～8	12～14	52～60

相关知识

一、钢的热处理基本原理

在 $Fe\text{-}Fe_3C$ 相图中，A_1、A_3、A_{cm} 是钢在极其缓慢加热和冷却时的临界点（理论临界点），在实际加热和冷却条件下，钢的组织转变总是滞后的。为了便于区别，通常把钢在实际加热时的临界点分别用 A_{c_1}、A_{c_3}、$A_{c_{cm}}$ 表示；实际冷却时的临界点分别用 A_{r_1}、A_{r_3}、$A_{r_{cm}}$ 表示，如图 4-9 所示。

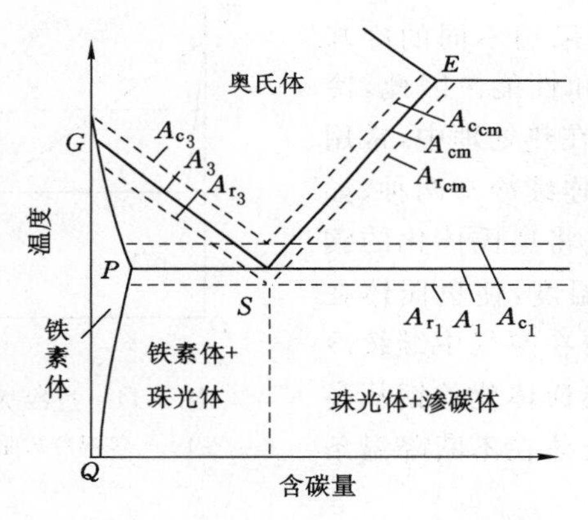

图 4-9　钢在加热、冷却时的临界点

（一）钢在加热时的组织转变

1. 钢的奥氏体化过程

由 $Fe\text{-}Fe_3C$ 相图可知，把钢加热到 A_{c_1} 以上时，都会发生珠光体向奥氏体的转变，热处理加热的目的就是为了获得均匀、细小的奥氏体组织，通常把这种加热转变过程称为钢的奥氏体化。以共析钢为例，共析钢的室温平衡组织是珠光体（铁素体和渗碳体组成的机械混合物），当加热到 A_{c_1} 时，其珠光体组织将向奥氏体转变。这一转变过程遵循结晶过程的基本规律，也是通过形核与长大的过程进行的，如图 4-10 所示。

亚共析钢和过共析钢的奥氏体化过程与共析钢基本相同，不同之处在于亚共析钢、过共析钢的室温平衡组织中，除珠光体外还存在先共析铁素体或二次渗碳体。加热到 A_{c_1} 以上，珠光体转变为奥氏体，而先共析相则要在 $A_{c_1} \sim A_{c_3}$ 或 $A_{c_1} \sim A_{c_{cm}}$ 之间随着温度不断升高逐渐转变为奥氏体或溶解于奥氏体，一直到 A_{c_3} 或 $A_{c_{cm}}$ 以上，才能全部成为奥氏体。

2. 奥氏体晶粒大小及其控制

钢在加热时获得的奥氏体晶粒大小，直接影响其冷却后的组织和性能。奥氏体晶粒均

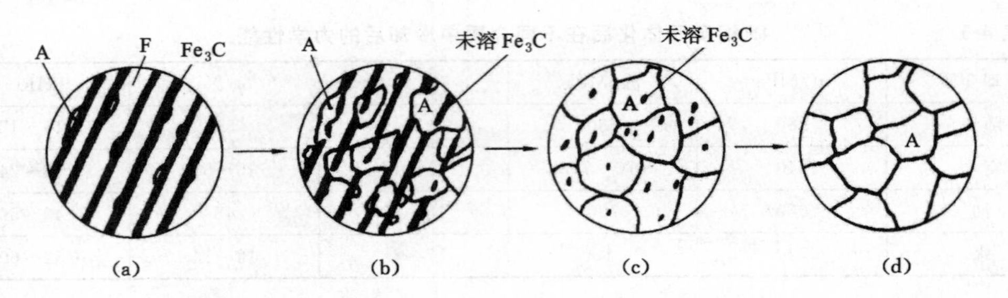

图 4-10 共析钢奥氏体化示意图

(a) A 形核；(b) A 长大；(c) 未熔渗碳体熔解；(d) A 均匀化

匀而细小，冷却后奥氏体转变产物的组织也均匀细小，其强度、塑性、韧性都比较高。因此，奥氏体晶粒的大小是评定加热和保温质量的重要指标。生产中为了控制奥氏体的晶粒大小，一般采用合理选择加热温度和保温时间，合理选择钢的原始组织以及加入一定数量的合金元素等措施。

（二）钢在冷却时的组织转变

钢经加热奥氏体化后采用不同的冷却方式，可获得不同的组织和性能。因此，冷却是热处理的关键工序。在热处理中，常用的冷却方式有等温冷却和连续冷却两种，如图 4-11 所示。等温冷却是将奥氏体化的钢迅速冷却到 A_1 以下某一温度，使奥氏体在此温度发生组织转变后，再在空气中继续冷却至室温；连续冷却是将奥氏体化的钢从高温连续冷却到室温，使奥氏体在不断降温条件下发生组织转变。

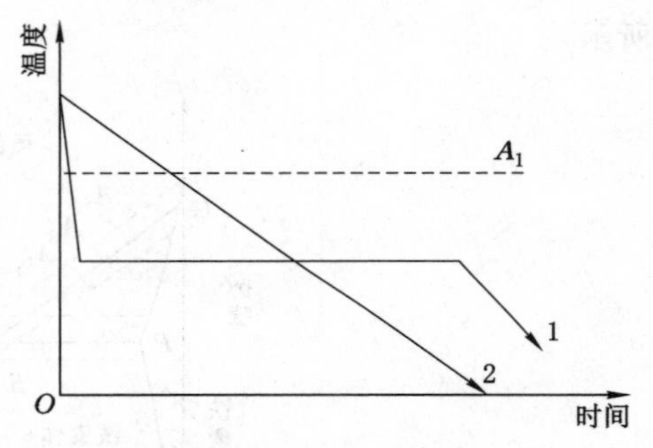

图 4-11 过冷奥氏体的两种冷却方式

1——等温冷却曲线；2——连续冷却曲线

在 A_1 温度以下尚未发生转变的奥氏体称为过冷奥氏体，用符号 A′表示。过冷奥氏体是不稳定的，其转变产物随转变温度或过冷度的不同而不同。奥氏体的过冷转变是钢热处理的重要理论基础。

1. 过冷奥氏体(A′)的等温转变

(1) 共析钢过冷奥氏体等温转变曲线分析

将共析钢制成若干尺寸很小的试样，加热到 A_1 以上温度奥氏体化后，分别投入 A_1 以下不同温度的熔盐槽中，使奥氏体过冷到该温度发生等温转变。测出过冷奥氏体在各温度下的转变开始和终止时间，并将其标记在“时间-温度”坐标图上。连接各相同意义的点，即得到共析钢的过冷奥氏体等温转变曲线，如图 4-12(a)所示的两条 C 形曲线。若将奥氏体化后的试样直接快冷到低温，则过冷奥氏体不再发生等温转变，而是在冷却过程中，从 230 ℃开始，到－50 ℃终止，转变成另一种组织。因此，图上出现了两条水平线 M_s 线和 M_f 线，如图 4-12(b)所示。

图 4-12(b)所示为共析钢的过冷奥氏体等温转变曲线，因其形状像字母“C”，故简称为“C 曲线”。图中，A_1 线以上是奥氏体的稳定区；左边一条 C 曲线是过冷奥氏体等温转变的开始线，此线以左为过冷奥氏体的孕育区；右边一条 C 曲线是过冷奥氏体等温转变的终止

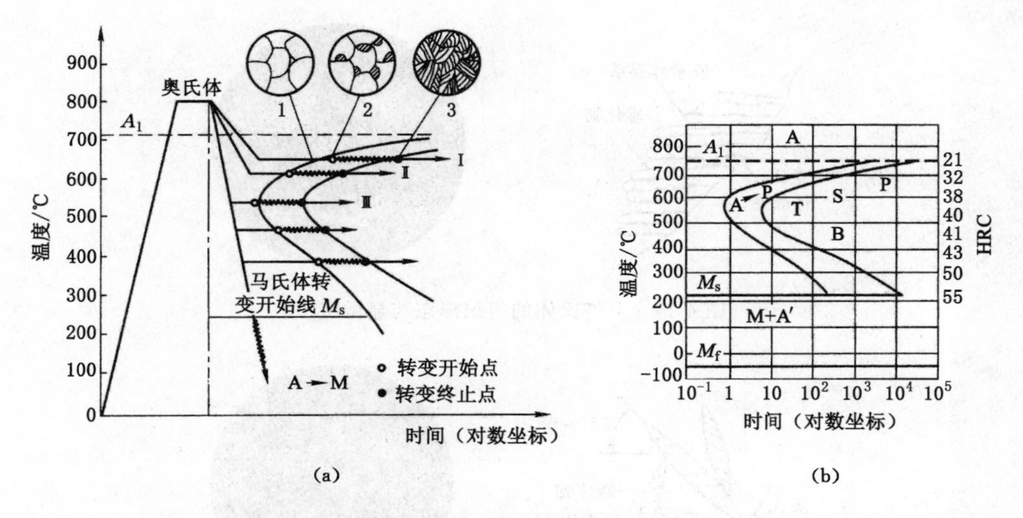

图 4-12　共析钢的等温转变曲线(C 曲线)

(a) 等温转变曲线的建立；(b) 等温转变曲线

线，此线以右是过冷奥氏体等温转变的产物区，转变产物以 C 曲线拐弯处温度(约550 ℃)为界，以上为近平衡珠光体类组织，以下为非平衡贝氏体类组织；两条 C 曲线之间是过冷奥氏体的转变过程区；M_s线(230 ℃)是过冷奥氏体向非平衡的马氏体(M)组织转变的开始线；M_f线(−50 ℃)是过冷奥氏体向马氏体组织转变的终止线；M_s线与 M_f线之间是马氏体转变过程区。

(2) 共析钢过冷奥氏体转变产物及其性能

共析钢过冷奥氏体转变产物的组织和性能见表 4-4。表中珠光体型转变属扩散型转变(Fe、C 原子均可扩散)，贝氏体型转变属半扩散型转变(只有 C 原子可以扩散)，马氏体型转变则属非扩散型转变(Fe、C 原子均不能进行扩散)。

表 4-4　　共析钢过冷奥氏体转变产物的组织和性能

转变类型	转变温度/℃	组织名称	符号	显微组织特征	硬度(HRC)
珠光体型转变(高温转变)	A_1～650	珠光体	P	粗片层状 F 与 Fe_3C 的混合物	<25
	650～600	索氏体	S	细片层状 F 与 Fe_3C 的混合物	25～35
	600～550	托氏体	T	极细片层状 F 与 Fe_3C 的混合物	35～40
贝氏体型转变(中温转变)	550～350	上贝氏体	$B_上$	短杆状 Fe_3C 分布于板条状过饱和 F 之间，呈羽毛状，如图 4-13 所示。$B_上$容易脆断，很少使用	40～45
	350～M_s	下贝氏体	$B_下$	细小碳化物分布于针叶状过饱和 F 之内，呈黑色针状，如图 4-14 所示。$B_下$的综合性能好	45～55
马氏体型转变(低温转变)	M_s～M_f	马氏体	M	碳在 α-Fe 中的过饱和固溶体(板条状和针片状混合组织)	55～65

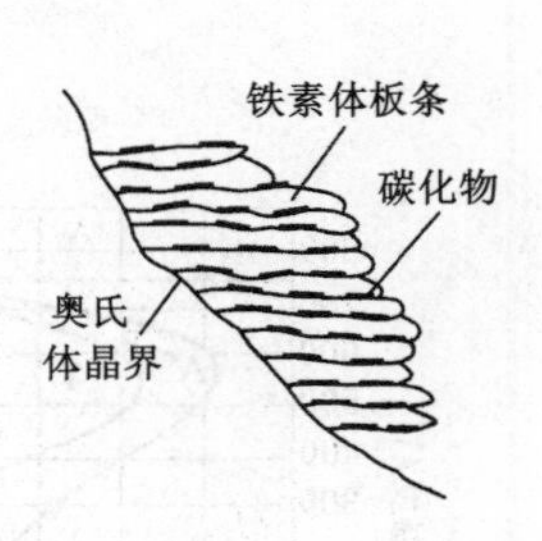

图 4-13 上贝氏体的组织形态与显微组织

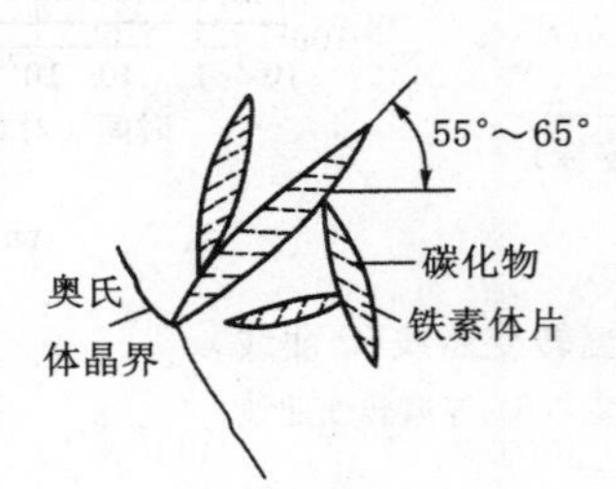

图 4-14 下贝氏体的组织形态与显微组织

(3) 亚共析钢和过共析钢的过冷奥氏体等温转变

亚共析钢和过共析钢的C曲线如图 4-15 所示。与共析钢C曲线比较，亚共析钢在过冷奥氏体转变为珠光体之前，首先析出铁素体，所以在其C曲线上多一条铁素体析出线；过共析钢在过冷奥氏体转变为珠光体之前，首先析出二次渗碳体，所以其C曲线上多一条二次渗碳体析出线。

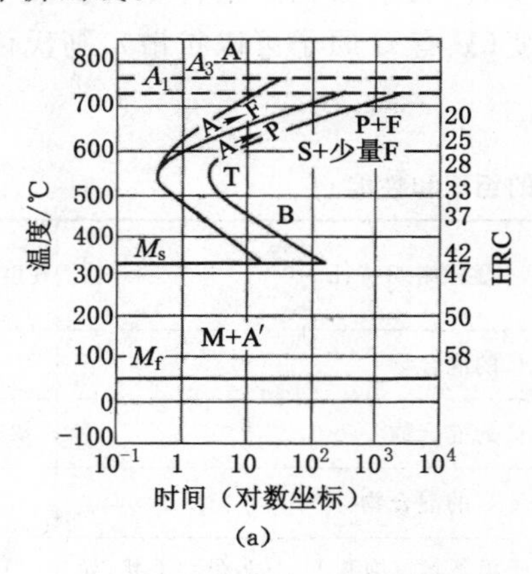

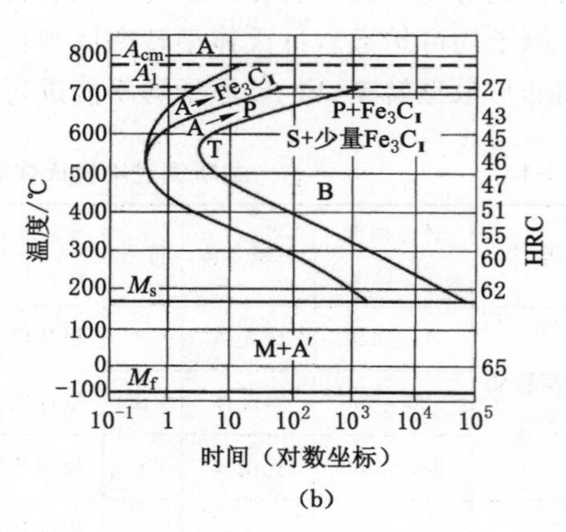

图 4-15 亚共析钢和过共析钢的C曲线

(a) 亚共析钢；(b) 过共析钢

对于亚共析钢，含碳量越高，C曲线位置越向右移；对于过共析钢，含碳量的增加反而使C曲线位置向左移。

2. 过冷奥氏体的连续冷却转变

(1) C曲线在连续冷却转变中的应用

实际生产中的热处理，大多是连续冷却。由于连续冷却转变曲线测定比较困难，目前资料不全，而C曲线的资料则较多，因此，生产中常用C曲线来定性地、近似地分析钢在连续冷却时的转变产物和性能。

图4-16所示为在共析钢C曲线上判断连续冷却时的组织转变。图中，v_1、v_2、v_3、v_4分别表示不同的冷却速度，根据它们与C曲线相交的位置，可判断出共析钢过冷奥氏体连续冷却转变的组织与性能，见表4-5。

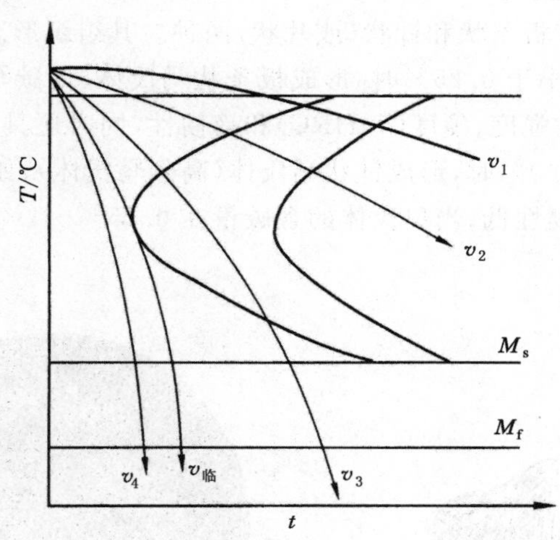

图4-16 在共析钢C曲线上判断连续冷却时的组织转变

表4-5 应用C曲线判断共析钢连续冷却转变的组织与性能

冷却速度	冷却方式	冷却曲线与C曲线相交温度范围/℃	转变后组织	大致硬度(HRC)
v_1	炉冷	700～650	P	＜25
v_2	空冷	650～600	S	25～35
v_3	油冷	600～550 M_s以下	T+M+A′	45～55
v_4	水冷	M_s以下	M+A′	55～65

$v_{临}$(v_k)为临界冷却速度，表示获得全部马氏体的最小冷却速度。v_k大小对淬火工艺操作具有重要意义，v_k小的钢，较慢地冷却也可得到马氏体，因而可避免由于冷却太快而产生较大的内应力，从而减少零件的变形与开裂。v_k大小取决于C曲线的位置，即过冷奥氏体的稳定性。

(2) 马氏体转变

过冷奥氏体在M_s～M_f温度范围，随温度降低，不断转变为马氏体(M)。因转变温度低，Fe、C原子均不能扩散，只能通过非扩散方式进行γ-Fe→α-Fe的晶格改组，而原固溶于奥氏体中的碳仍全部固溶于α-Fe晶格中，形成碳在α-Fe中的过饱和固溶体，称为马氏体。

马氏体中碳的过饱和将引起严重的晶格畸变(形成体心正方晶格,$c>a$),产生显著的固溶强化效应。而且在进行无扩散的晶格转变时,会形成大量的位错等缺陷,使马氏体进一步强化。在过冷奥氏体的转变产物中,马氏体的强度、硬度最高,所以获得马氏体组织的热处理工艺,是强化钢铁零件最主要的方法。但随着马氏体中含碳量的增加,其塑性、韧性下降,还会引起体积膨胀增大,而产生较大的内应力,并容易导致工件的变形与开裂。

(3) 马氏体的形态及性能

马氏体的组织形态有板条状和针状(或片状)两种。其组织形态主要取决于奥氏体的含碳量,当奥氏体的含碳量小于0.25%时,形成板条状马氏体(低碳马氏体),如图4-17所示。板条状马氏体具有良好的强度、硬度(50HRC)和高韧性,同时还具有许多优良的工艺性能;当奥氏体的含碳量大于1.0%时,形成针状马氏体(高碳马氏体),如图4-18所示。针状马氏体的硬度高(65HRC)而韧性低;当奥氏体的含碳量在0.25%～1.0%时,形成板条状与针状混合的马氏体。

图4-17　板条状马氏体的组织形态与显微组织

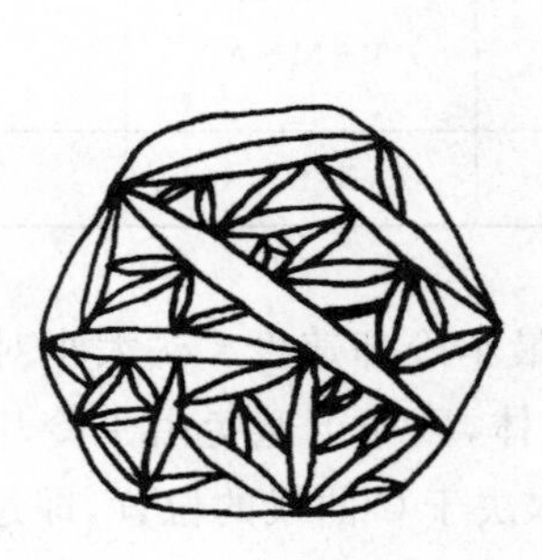

图4-18　针状马氏体的组织形态与显微组织

马氏体的硬度、强度主要取决于马氏体的含碳量,如图4-19所示。随含碳量增加,马氏体的强度、硬度提高,塑性、韧性下降。

板条状马氏体与针状马氏体的性能见表4-6。

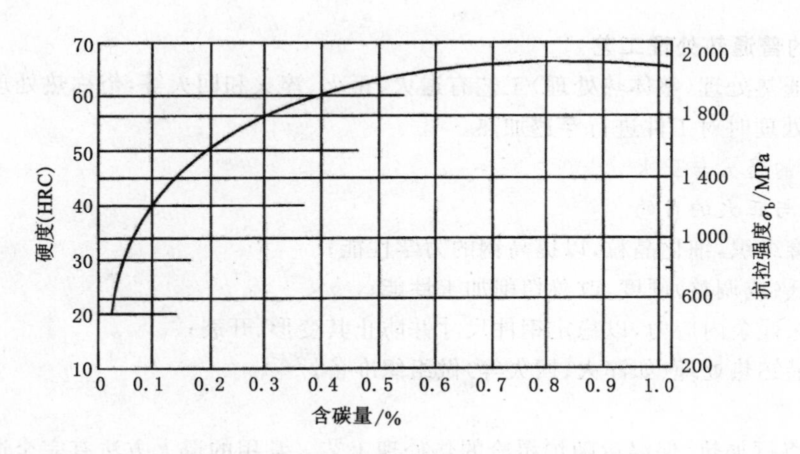

图 4-19　马氏体硬度、强度与含碳量的关系

表 4-6　　两种形态马氏体的性能

马氏体类型	σ_s/MPa	σ_b/MPa	硬度(HRC)	δ/%	a_k/(J/cm²)
板条状 (含碳量 0.25%)	1 300	1 500	50	9	60
针状 (含碳量 1.0%)	2 000	2 300	66	1	10

在钢的各种组织中，以马氏体的比容(单位质量物质的体积)为最大，奥氏体的比容最小。因此，奥氏体向马氏体转变时将发生体积膨胀，并产生内应力。

3. 合金元素对 C 曲线和临界冷却速度(v_k)的影响

大多数合金元素(除 Co 外)，加热时溶入奥氏体后均可增加过冷奥氏体的稳定性，使 C 曲线右移，v_k 值减小；溶于奥氏体中的合金元素(除 Co、Al 外)，还会降低 M_s 与 M_f 温度，使钢在热处理冷却到室温时的残余奥氏体增多，如图 4-20 所示。在一些高合金钢的淬火组织中，残余奥氏体量甚至可高达 30%～40%，会明显降低钢的强度与硬度。

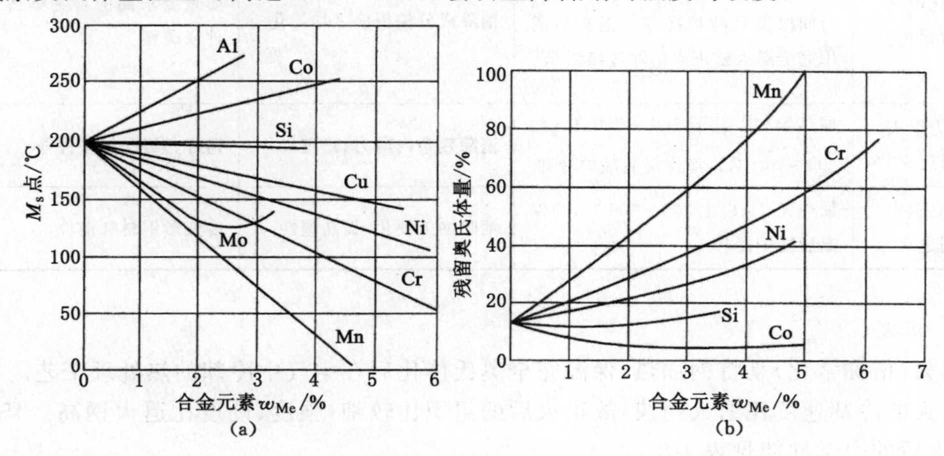

图 4-20　合金元素对 M_s温度及残余奥氏体量的影响

(a) 对 M_s温度的影响；(b) 对残余奥氏体的影响

二、钢的普通热处理工艺

钢的普通热处理(整体热处理)工艺有退火、正火、淬火和回火等,俗称热处理“四把火”,其特点是热处理时对工件进行穿透加热。

(一) 钢的退火与正火

1. 退火与正火的目的

(1) 改善组织,细化晶粒,以提高钢的力学性能;

(2) 降低(或调整)硬度,改善切削加工性能;

(3) 消除残余内应力,以稳定钢件尺寸并防止其变形、开裂;

(4) 为最终热处理(如淬火、回火等)做组织准备。

2. 退火

退火是将钢加热、保温后随炉缓冷的热处理工艺。常用的退火方法有完全退火(重结晶退火)、球化退火(不完全退火)、等温退火、去应力退火(低温退火)、均匀化退火(扩散退火)和再结晶退火(中间退火)等,各种退火工艺的目的、工艺特点及适用范围见表 4-7。

表 4-7 各种退火工艺的目的、工艺特点及适用范围

工艺名称	工艺特点	主要目的	适用范围
完全退火(重结晶退火)	加热至 A_{c_3} 以上 30～50 ℃,经保温后随炉冷却	细化晶粒、消除内应力、降低硬度、改善切削加工性等	亚共析钢的铸件、锻件、焊接件等
球化退火(不完全退火)	加热至 A_{c_1} 以上 20～30 ℃,经较长时间保温后随炉冷却	使碳化物球状化、降低硬度、改善切削加工性	共析钢、过共析钢的刃具、量具和模具等
等温退火	加热至 A_{c_3} 以上 30～50 ℃,保温后较快冷却至稍低于 A_{r_1} 温度等温,使奥氏体发生珠光体转变后再较快冷却	与完全退火相同,但可缩短退火时间、提高生产率、得到更均匀的组织和性能	奥氏体较稳定的高合金钢件
均匀化退火(扩散退火)	加热至 A_{c_3} 以上 150～200 ℃,经长时间保温后随炉冷却。退火后需用完全退火或正火消除过热组织	消除成分偏析使之均匀化	质量要求高的合金钢铸锭、铸件或锻坯
去应力退火(低温退火)	加热至 A_{c_1} 以下 100～200 ℃(约 500～700 ℃),经保温后随炉冷却	消除残余内应力、稳定尺寸	铸件、锻件、焊接件等
再结晶退火(中间退火)	加热至 $T_{再}$ 以上 100～250 ℃,经保温后随炉冷却	消除加工硬化、提高塑性	冷变形钢材和钢件

3. 正火

正火(俗称常化)是将钢加热、保温完全奥氏体化后在空气中冷却的热处理工艺。

正火的冷却速度比退火稍快,故正火后的组织比较细,强度、硬度比退火钢高。45 钢退火、正火后的力学性能见表 4-8。

常用退火方法与正火的加热温度范围及热处理工艺曲线如图 4-21 所示。

表 4-8　　45 钢退火、正火后的力学性能

热处理方法	σ_b/MPa	δ/%	a_k/(J/cm²)	硬度(HBS)
退火	650～700	15～20	40～60	～180
正火	700～800	15～20	50～80	～220

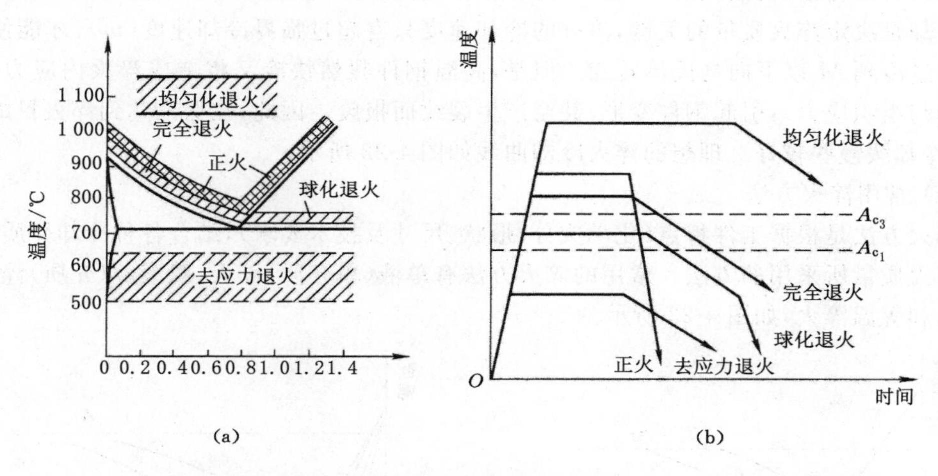

图 4-21　退火与正火的加热温度范围及热处理工艺曲线
(a) 加热温度范围；(b) 工艺曲线

退火与正火主要用于各种铸、锻件，热轧型材及焊接构件，由于处理时冷却速度较慢，故对钢的强化作用较小，在许多情况下不能满足使用要求，除少数性能要求不高的工件外，一般不作为最终热处理工艺，而主要用于预备热处理，以改善钢的工艺性能。安排在毛坯生产之后，切削加工之前。退火或正火零件的一般工艺路线为：毛坯生产(铸、锻、焊、冲压等)→退火或正火→切削加工。

（二）钢的淬火与回火

1. 淬火(蘸火)

淬火是将钢加热、保温后快速冷却($v>v_k$)以获得马氏体(或下贝氏体)组织的热处理工艺。淬火的目的主要是为了获得马氏体组织，它是强化钢材最重要的热处理方法。

(1) 淬火加热温度的选择

钢的淬火加热温度主要由 $Fe\text{-}Fe_3C$ 相图来确定。亚共析钢的淬火加热温度应为 A_{c_3} 以上 30～50 ℃，淬火后获得细小的马氏体和少量的残余奥氏体组织；共析钢和过共析钢的淬火加热温度应为 A_{c_1} 以上 30～50 ℃，淬火后获得细小的马氏体和少量的残余奥氏体(过共析钢为细小的马氏体和未熔粒状渗碳体组织)。

对于合金钢，由于大多数合金元素具有提高奥氏体化温度与阻碍奥氏体晶粒长大作用，所以淬火加热温度应适当提高，以使合金元素较多地溶入奥氏体，增大钢的淬透性与回火稳定性。

(2) 淬火加热时间的选择

一般工件淬火加热的升温与保温所需的时间常合在一起计算，统称为加热时间。

工件的加热时间与钢的成分、原始组织、工件形状和尺寸、加热介质、装炉方式、炉温等

因素有关，因此要确切地计算加热时间是比较复杂的。目前生产中常根据工件有效厚度，利用经验公式来确定。

(3) 常用淬火介质

生产中，冷却速度大小的控制通过采用一定的冷却介质（淬火剂）来实现。常用的淬火冷却介质有矿物油（机油）、水（＜40 ℃）、水溶液（盐水或碱水）等，其冷却能力依次增大。淬火的冷却是决定淬火质量的关键，淬火的冷却速度只有超过临界冷却速度（v_k），才能使全部奥氏体过冷到 M_s 以下向马氏体转变。但是，高温钢件骤然快冷又将造成淬火内应力（包括热应力与组织应力），引起钢件变形，甚至产生裂纹而报废。因此，在保证达到淬火目的的前提下，冷却缓慢些较好。理想的淬火冷却曲线如图 4-22 所示。

(4) 常用淬火方法

淬火方法是根据工件特点（化学成分、形状、尺寸及技术要求），结合各种冷却介质特征，保证淬火质量所采用的方法。常用的淬火方法有单液（单介质）淬火、双液（双介质）淬火、分级淬火和等温淬火，如图 4-23 所示。

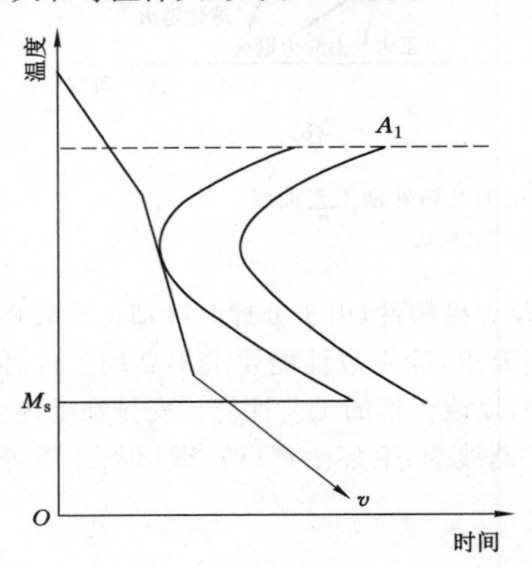

图 4-22 理想的淬火冷却曲线

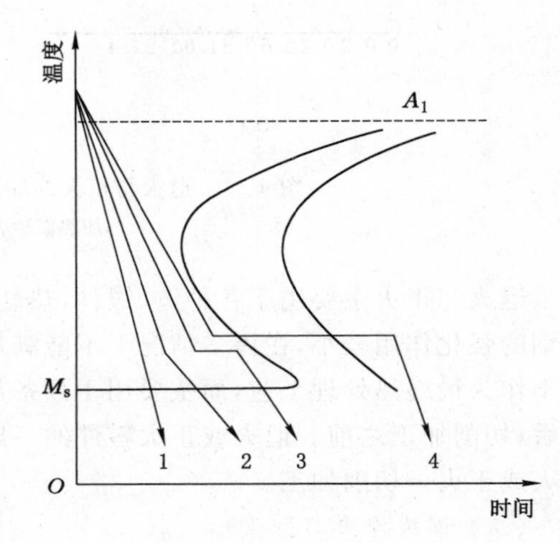

图 4-23 常用淬火方法

1——单液淬火；2——双液淬火；
3——分级淬火；4——等温淬火

对于只要求局部高硬度的工件，可进行局部淬火，即对工件整体加热后进行局部淬火。为了避免工件其他部位产生变形和开裂，也可进行局部加热淬火。为尽量减少淬火钢中的残余奥氏体量，可进行冷处理，即把淬火冷至室温的钢件继续冷却到－70～－80 ℃或更低温度，使残余奥氏体继续转变为马氏体，以提高钢的硬度、耐磨性和尺寸稳定性。

必须指出，马氏体不是热处理所要求的最终组织。因为各类零件和工具的工作条件不同，所要求的性能差别很大，因此淬火后必须配以适当的回火。淬火马氏体在不同回火温度下可获得不同组织，从而使钢具有不同的力学性能，以满足各类零件和工具的使用要求。淬火是为了回火时调整和改善钢件的性能做组织准备的，而回火则决定了钢件的使用性能和寿命。

2. 回火

回火是将淬火钢重新加热到 A_1 以下某一温度，保温后冷却的热处理工艺。回火的目的是：调整内部组织和性能，满足工件的使用性能要求；减少或消除残余奥氏体，稳定工件尺寸；减小或消除淬火内应力，防止变形、开裂。

回火决定了钢在使用状态的组织和性能，其关键是加热温度。随着回火加热温度的升高，淬火组织（马氏体与残余奥氏体）逐渐向稳定的铁素体和渗碳体（或碳化物）的两相组织进行转变，钢的强度、硬度逐渐下降，而塑性、韧性逐渐提高。回火后的冷却对碳钢的性能影响不大，但为了避免重新产生内应力，一般采用空冷。

根据加热温度及所获组织、性能的特点，通常将回火分为三类：

（1）低温回火（150～250 ℃）

低温回火后组织为回火马氏体（M′），如图 4-24(a)所示。其目的是在保持淬火钢的高硬度和高耐磨性的前提下，降低淬火内应力和脆性，主要用于刃具、量具、冷作模具、滚动轴承以及经过渗碳、表面淬火的工件，回火后硬度一般为 58HRC～64HRC。

（2）中温回火（350～500 ℃）

中温回火后组织为回火托氏体（T′），如图 4-24(b)所示。其目的是获得高的弹性极限（σ_e）、屈强比（σ_s/σ_b）及适当韧性，主要用于各种弹簧、热作模具，回火后硬度一般为 40HRC～50HRC。

（3）高温回火（500～650 ℃）

高温回火后组织为回火索氏体（S′），如图 4-24(c)所示。习惯上将淬火和高温回火相结合的热处理称为调质处理，简称调质。其目的是获得良好的综合力学性能（足够的强度与高韧性相配合），主要用于受力复杂的结构零件，如轴、齿轮、螺栓、吊环等，回火后硬度一般为 20HRC～35HRC。

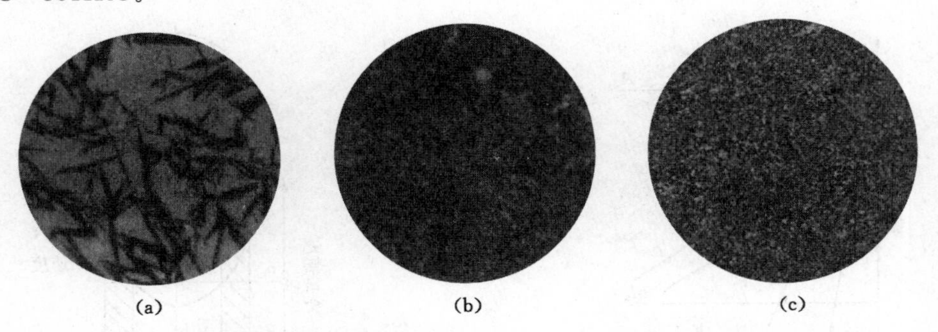

图 4-24　回火马氏体、回火托氏体和回火索氏体的显微组织

(a) 回火马氏体；(b) 回火托氏体；(c) 回火索氏体

应当指出，钢经正火和调质后的硬度很接近，但重要的结构零件一般都进行调质而不采用正火。其原因是调质后得到的回火索氏体中的渗碳体呈粒状，而正火得到的索氏体中的渗碳体呈片状。因此，钢经调质后不仅强度较高，而且塑性与韧性更显著超过了正火状态。表 4-9 所列为 45 钢经调质与正火后的力学性能比较。

表 4-9　　45 钢（ϕ20～40 mm）经调质和正火后的力学性能比较

热处理状态	σ_b/MPa	δ/%	a_k/(J/cm^2)	硬度(HBS)	组织
正火	700～800	15～20	50～80	163～220	S
调质	750～850	20～25	80～120	210～250	S′

生产中某些精密零件(如精密量具、精密轴承等),为了保持淬火后的高硬度及尺寸稳定性,常采用100～150 ℃加热,保温10～50 h。这种低温长时间的热处理,称为时效处理或人工时效。

从上述各种回火方法的温度范围中可以看出,一般不在250～350 ℃进行回火,其原因是淬火钢在此温度范围内回火时容易发生回火脆性(淬火钢在某些温度范围内回火后韧性显著降低的现象)。这种回火脆性也称为低温回火脆性或第一类回火脆性,而某些合金钢(如高锰钢、高碳铬钢等)在450～650 ℃回火后还会出现另一类回火脆性,即高温回火脆性或第二类回火脆性。

钢件经淬火、回火后的硬度较高,除磨削外不适宜其他切削加工,通常作为获得钢件最终性能的热处理,称为最终热处理(强化热处理)。一般安排在半精加工之后,磨削之前。淬火、回火零件的一般工艺路线为:下料→锻造→退火或正火→机械粗(或半精)加工→淬火+回火→磨削。

调质一般作为最终热处理,但也可以作为表面淬火和化学热处理的预备热处理。

(三)钢的淬透性与淬硬性

1. 淬透性

淬透性是指在规定条件下,钢在淬火冷却时获得淬硬层深度(马氏体组织深度)的能力。它是钢的一种重要的热处理工艺性能。淬火时工件截面上各处的冷却速度是不同的,表面的冷却速度最大,越靠近芯部冷却速度越小,所获得的马氏体由表及里逐渐递减,如图4-25所示。

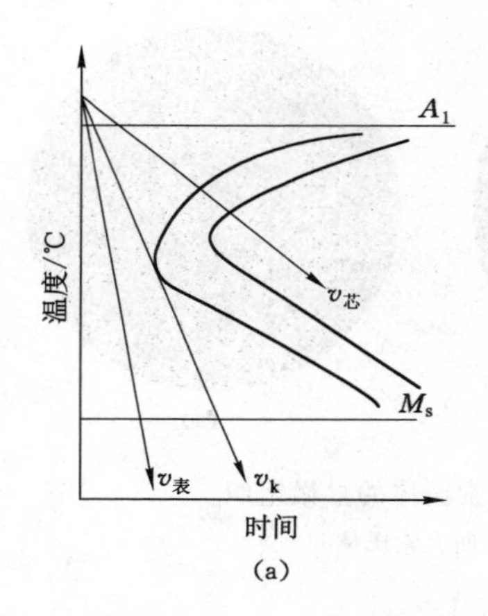

(a)

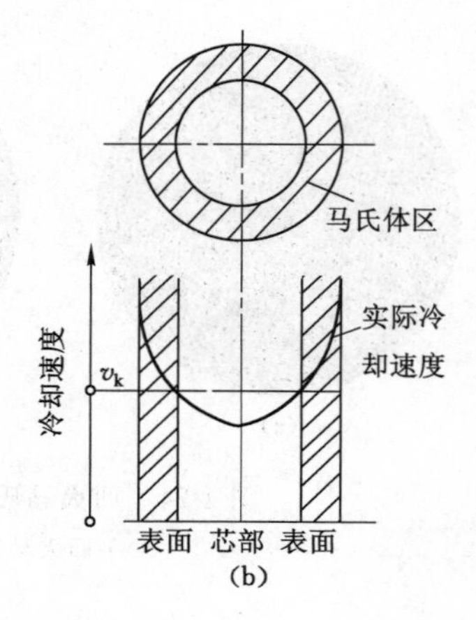

(b)

图4-25 工件淬硬层与冷却速度的关系

在一定条件下淬火,淬透性好的钢,其淬硬层较深;淬透性差的钢,其淬硬层较浅。若淬火后工件整个截面都能得到马氏体,说明工件已被淬透;若只是表面淬成马氏体,芯部却为非马氏体,则工件没有淬透。钢的淬透性与临界冷却速度有密切关系,而临界冷却速度的大小又取决于过冷奥氏体的稳定性。因此,凡是影响过冷奥氏体稳定性的因素都会影响钢的淬透性。其中,以钢的化学成分(含碳量、合金元素)影响最大。

生产中常用临界直径(D_0)来衡量钢在某种介质中淬火时,芯部能淬透的最大直径。D_0越大,钢的淬透性越好。表4-10所列为几种常用钢的临界直径。

表 4-10　　几种常用钢的临界直径　　单位：mm

牌号	$D_{0水}$	$D_{0油}$
20	6～9	2.5～4
40	12～15	5～9
45	13～17	5.5～9.5
20Cr	20～26	10～13
40Cr	30～40	15～20
20CrMnTi	35～50	20～30
65Mn	25～30	17～25
T10	10～15	<8
GCr15		30～35
CrWMn		40～50
Cr12MoV		200

注：结构钢芯部组织为50％马氏体；工具钢芯部组织为90％～95％马氏体。

淬透性是选材和制订热处理工艺的主要依据之一。淬透性不同的钢，不仅淬火后沿截面的硬度分布不同，而且调质后的力学性能沿截面的分布也不同，如图4-26所示。对于大截面或形状复杂的重要零件、承受轴向拉伸或压缩的零件（如螺栓、连杆、锤杆等），因要求整个截面力学性能均匀一致，应选用淬透性较好的钢制造；承受弯曲、扭转应力的轴类零件或表面要求耐磨并承受冲击的一些模具，芯部一般不要求很高的硬度，可选用淬透性较低的钢；对于不需淬火的零件，则不必选用淬透性好的钢。

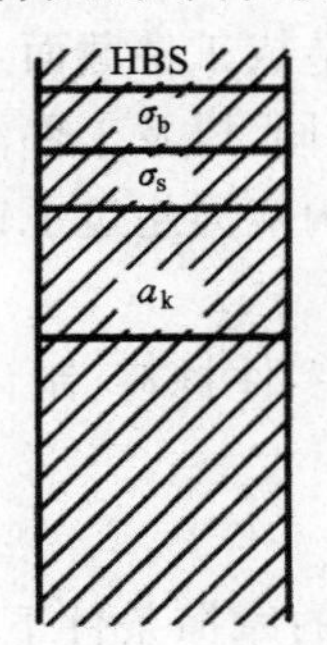

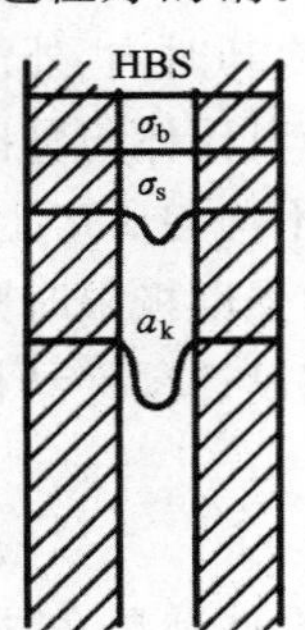

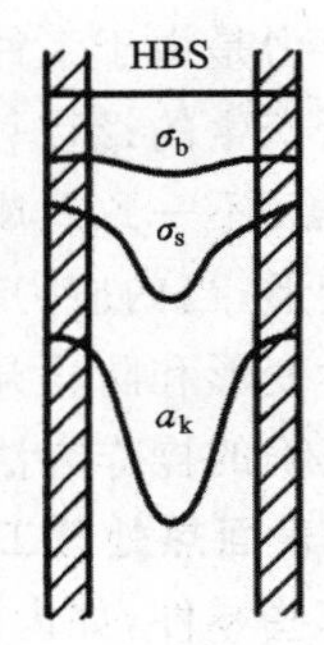

图 4-26　淬硬层对调质钢力学性能的影响

（阴影线表示淬硬区）

2. 淬硬性

淬硬性是指钢淬火成马氏体能达到的最高硬度，它主要取决于马氏体的含碳量，而与合金元素关系不大。淬硬性好的钢，淬透性不一定好。例如，含碳量高的碳素工具钢淬成马氏体，能达到66HRC的高硬度，但淬硬层并不深；而含碳量低的高合金钢淬成马氏体后，硬度一般不超过50HRC，但却可能使很大的零件芯部也获得马氏体。

（四）常见淬火缺陷及其防止方法

钢件在热处理（特别是淬火）时，常产生各种缺陷，如过热和过烧、氧化和脱碳、变形和开裂等。轻微的缺陷，通过一定的补救方法，不致对产品的质量产生极大的影响。如果缺陷相当严重而无法挽救，零件则报废。因此，在热处理过程中应设法减轻各种缺陷的影响，以提高产品质量。

1．过热和过烧

钢在加热时，由于加热温度过高或保温时间过长而发生奥氏体晶粒显著粗化的现象称为过热。过热钢淬火后得到粗大的马氏体，韧性很差。已过热的钢件可重新热处理挽救。

加热温度接近开始熔化温度，沿奥氏体晶界处产生熔化或氧化的现象称为过烧。过烧的钢强度极低，无法挽救而报废。

为了防止工件的过热和过烧，必须严格控制加热温度和保温时间。

2．氧化和脱碳

钢件表面被加热介质中的 O_2、CO_2、H_2O 等氧化后生成的氧化铁皮现象称为氧化。氧化不仅使大量金属烧损，增加热处理后的清洗或清理工作量，而且影响钢件淬火冷却的均匀性，使淬火后钢件表面硬度不均匀，出现软点。

钢件表层的碳被加热介质中的 O_2、H_2 等烧损，使表层含碳量降低的现象称为脱碳。脱碳使钢件淬火后硬度不足，耐磨性、疲劳强度下降，对各种工具、滚动轴承和弹簧等的使用寿命影响很大。

采用盐浴炉加热或采用可控气氛炉加热、真空炉加热均可减少或防止氧化、脱碳的产生。此外，还可预留足够的加工余量，以便在随后的切削加工中把氧化与脱碳层全部去除。

3．变形和开裂

淬火时钢件形状和尺寸的变化称为变形，主要是淬火内应力（包括热应力和组织应力）造成的。热应力是由于工件在加热和冷却时内、外温度不均匀，造成工件截面上热胀冷缩的先后不一致所产生的；组织应力是由于奥氏体与马氏体的比容不同，以及工件淬火时各部位马氏体转变先后不一致造成体积膨胀不均匀所产生的。当淬火内应力超过了钢的屈服强度时引起钢件变形；当内应力超过了钢的强度极限时则使钢件开裂。

为了减少变形和防止开裂，应合理设计零件结构、正确选用零件材料、制订合理的淬火工艺和采用正确的操作方法等。

三、钢的表面热处理工艺

生产中有些零件，如齿轮、轴类等零件都是在动载荷和强烈的摩擦条件下工作的，不仅要求其表面具有高的硬度和耐磨性，而且芯部还要具有高的强韧性。采用一般淬火、回火工艺无法达到这种要求，需要进行表面热处理工艺，即钢的表面淬火和钢的化学热处理，以达到强化表面的目的。

（一）钢的表面淬火

表面淬火是通过快速加热，仅将工件表层奥氏体化后立即淬火冷却，使表层得到马氏体组织，而芯部仍保持原来的组织和性能的一种局部热处理方法。按加热方式不同，表面淬火可分为感应加热表面淬火、火焰加热表面淬火、激光加热表面淬火、电接触加热表面淬火等。

目前生产中应用最广泛的是感应加热表面淬火。

感应加热表面淬火的基本原理如图 4-27 所示。将工件放入铜管制成的感应器（线圈）中，并通入一定频率的交流电，以产生交变磁场，于是工件内就会产生同频率的感应电流，并

在工件内自成回路，称为涡流。涡流在工件截面上分布不均匀，表面密度大，芯部密度小。电流频率越高，涡流集中的表面层越薄，这种现象称为集肤效应。电流的热效应，使工件表层迅速加热到淬火温度，而芯部温度很低。再随即喷水（合金钢则浸入油中）快冷后，工件表层被淬硬，达到表面淬火目的。

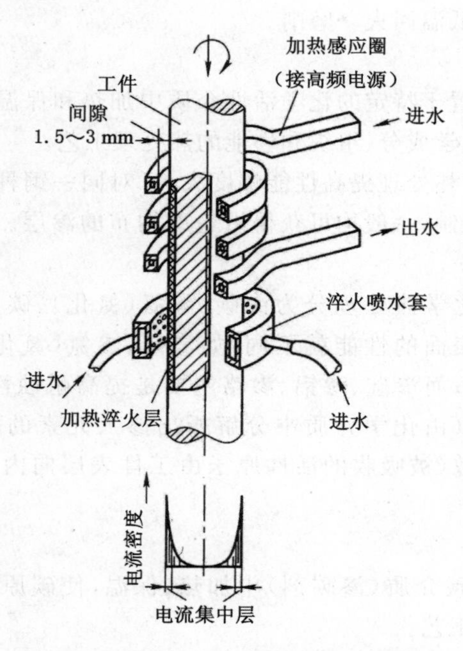

图 4-27　感应加热表面淬火原理示意图

生产中选择不同的电流频率可达到不同要求的淬硬层深度。根据电流频率不同，感应加热表面淬火可分为四种，见表 4-11。

表 4-11　　感应加热表面淬火类型及其应用

感应淬火类型	常用频率	一般淬硬层深度/mm	应用
高频淬火	200～300 kHz	0.5～2.5	中小模数齿轮及中小尺寸的轴类零件
中频淬火	2 500～8 000 Hz	2～10	大模数齿轮、较大尺寸的轴
工频淬火	50 Hz	10～20	大直径零件如轧辊、火车车轮的表面淬火；较大直径零件的穿透加热
超音频淬火	30～36 kHz	淬硬层能沿工件轮廓分布	中小模数齿轮

感应加热表面淬火的感应器，应根据零件的形状和尺寸进行设计，对不同的淬火表面，应采用不同的感应器，这样才能保证淬火质量和提高加热效率。

为了保证零件感应加热表面淬火后的硬度及芯部的强度和韧性，一般用 $w_c=0.4\%\sim0.5\%$ 的中碳钢和中碳合金钢，如 40、45、40Cr、40MnB 等，先进行预备热处理（正火或调质），再进行表面淬火、低温回火。与整体淬火件相比，表面淬火件的芯部有较高的综合力学性能，表层则具有较高的硬度(40HRC～55HRC)、耐磨性和疲劳强度。主要用于承受扭转、弯曲、冲击(不很高)、摩擦(不很大)的工件，如机床齿轮、凸轮、轴颈、顶杆、阀门、套筒、轧辊等。

表面淬火零件的一般工艺路线为：下料→锻造→退火或正火→机械粗加工→调质→机械半精加工→表面淬火＋低温回火→磨削。

(二) 钢的化学热处理

化学热处理是将工件置于特定的化学活性介质中加热和保温，使一种或几种元素渗入工件表层，从而改变表层化学成分、组织和性能的热处理工艺。

与表面淬火相比，化学热处理提高性能幅度大，可对同一钢种渗入不同元素，获得不同性能，而且不受工件形状限制，一般均可获得沿轮廓均布的渗层。但其工艺较复杂，周期较长，成本较高。

根据渗入元素不同，化学热处理分为渗碳、渗氮(氮化)、碳氮共渗、渗硅、渗铝、渗铬等。渗入元素不同，工件表面的性能就不同，如渗碳、渗氮(氮化)、碳氮共渗是以提高工件表面硬度和耐磨性为主；而渗硅、渗铝、渗铬主要是提高耐蚀性和耐热抗氧化性等。各种化学热处理都包括分解(由化学介质中分解析出渗入元素的活性原子)、吸收(活性原子被工件表面吸收)和扩散(被吸收的活性原子由工件表层向内逐渐扩散，形成一定渗入层)三个基本过程。

1. 渗碳

渗碳是将工件置于渗碳介质(渗碳剂)中加热、保温，使碳原子渗入表层，获得渗碳层(0.3～1.6 mm)的热处理工艺。

根据渗碳介质的工作状态，渗碳方法分为气体渗碳、液体渗碳和固体渗碳三种。目前生产中应用最广的是气体渗碳，如图4-28所示。将工件置于密闭的专用井式气体渗碳炉内，通入煤气、石油液化气或滴入煤油、甲醇等，加热到900～950 ℃保温(3～8 h或更长时间)，使工件表层渗碳。

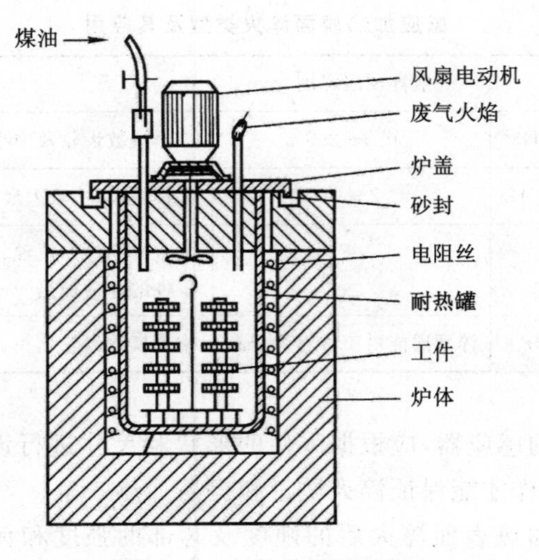

图4-28　气体渗碳示意图

为了保证芯部具有足够的韧性，渗碳用钢一般用 $w_c=0.1\%\sim0.25\%$ 的低碳钢和低碳合金钢，如 20、20Cr、20CrMnTi、20CrMnMo、18Cr2Ni4W 等，渗碳后表层含碳在 0.85%～1.05%范围内。为了有效地发挥渗碳层的作用，工件渗碳后必须再进行淬火＋低温回火(一般为 150～250 ℃)。与表面淬火件相比，渗碳件的表层具有高的硬度(58HRC～64HRC)、耐磨性和较高的疲劳强度，芯部具有良好的韧性。主要适用于承受严重磨损、很大接触应力与冲击载荷的零件，如汽车、拖拉机的变速箱齿轮、活塞销、摩擦片及一些要求耐磨、耐冲击的轴等。

渗碳零件的一般工艺路线为：下料→锻造→正火→机械加工→渗碳＋淬火＋低温回火→磨削。

2. 渗氮(氮化)

渗氮是将工件置于渗氮介质中加热、保温，使氮原子渗入表层，获得渗氮层的热处理工艺。目前生产中应用最广泛的是气体渗氮。它是利用氨气受热分解出活性氮原子，被工件表面吸收并向内扩散，形成渗氮层。

渗氮按目的不同分为抗磨渗氮(使零件表面获得很高的硬度、耐磨性，并提高疲劳强度和抗蚀性)和抗蚀渗氮(提高零件表面的抗蚀性能)。抗磨渗氮适用于合金钢，特别是含有 Cr、Mo、Al、Ti、V 等元素的合金钢。如 38CrMoAlA(专用渗氮钢)、35CrMn、18CrNiW 等，钢中的 Cr、Mo、Al、Ti、V 等合金元素能与 N 形成硬度很高、分散度很大的稳定氮化物，如 CrN、MoN、AlN、TiN、VN 等。抗磨渗氮的温度一般为 500～570 ℃，渗氮层一般在 0.15～0.75 mm，渗氮时间一般为 10～100 h。

与渗碳件相比，渗氮件因表面形成了一层坚硬且极其稳定的氮化物，无须淬火就具有很高的硬度(800HV～1 200HV，相当于 62HRC～75HRC)、耐磨性及热硬性(达 500～600 ℃)；氮原子的渗入，使工件表面体积膨胀，形成较大压应力，显著提高了疲劳强度；表面形成了一层连续分布的致密氮化物膜，还使渗氮件具有较高抗腐蚀能力；渗氮温度低，工件变形很小。但渗氮层薄而且脆，易剥落，抗压强度低，不耐冲击，而且渗氮工艺复杂，生产周期长，成本较高。因此，渗氮主要适用于各种高速传动精密齿轮、高精度机床主轴(如镗杆、磨床主轴、高精度机床丝杠等)，在交变载荷作用下要求高疲劳强度的零件(如汽轮机阀门和阀杆、发动机汽缸和排气阀、热作模具等)。

工件渗氮后表面即具有高的硬度和耐磨性，不必再进行热处理。但为了保证工件芯部具有良好的综合力学性能，渗氮前应进行调质。

渗氮零件的一般工艺路线为：下料→锻造→退火→机械粗加工→调质→机械精加工→去应力退火→粗磨→渗氮→精磨或研磨。

抗蚀渗氮的温度较高，一般为 600～700 ℃，保温 0.5～3 h 后，可获得 0.015～0.06 mm 的渗氮层，能在大气、淡水、蒸汽等介质中有良好的抗蚀性能，可用于碳钢、低合金钢以及铸铁件等。

四、热处理工艺应用举例

例 4-1　压板

如图 4-29 所示，压板用在铣床、刨床等机床上压紧工件，要求较高的强度、硬度及适当的弹性。

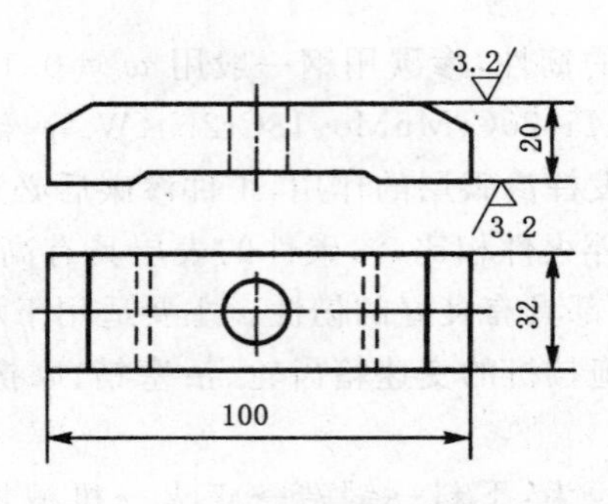

图 4-29　压板零件简图

材料:45 钢;

热处理技术条件:淬火 40HRC～45HRC;

一般工艺路线:下料→锻造→正火→机械加工→淬火＋回火(约 380 ℃)。

例 4-2　连杆螺栓

如图 4-30 所示,连杆螺栓用于连接紧固,要求较高的抗拉强度、抗弯强度,良好的塑性、韧性和较低的缺口敏感性,以避免产生松弛现象。

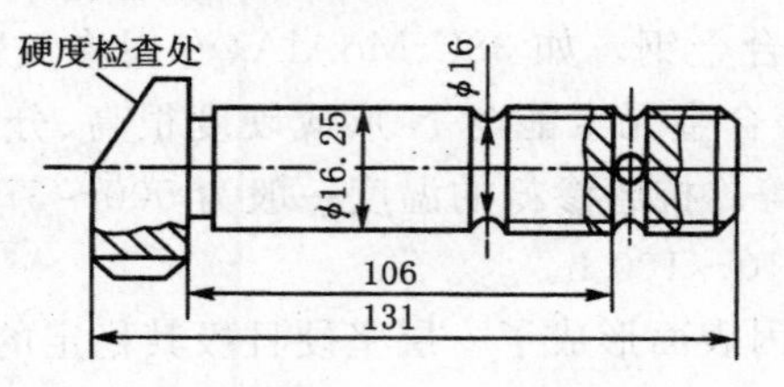

图 4-30　连杆螺栓零件简图

材料:40Cr 钢;

热处理技术条件:260HBS～300HBS,组织为回火索氏体,不允许有块状铁素体;

一般工艺路线:下料→锻造→退火或正火→粗加工→调质→精加工。

例 4-3　蜗杆

如图 4-31 所示,蜗杆主要用于传递运动和动力,要求齿部有较高的强度、硬度、耐磨性和尺寸精度,其余部位要求有足够的强韧性。

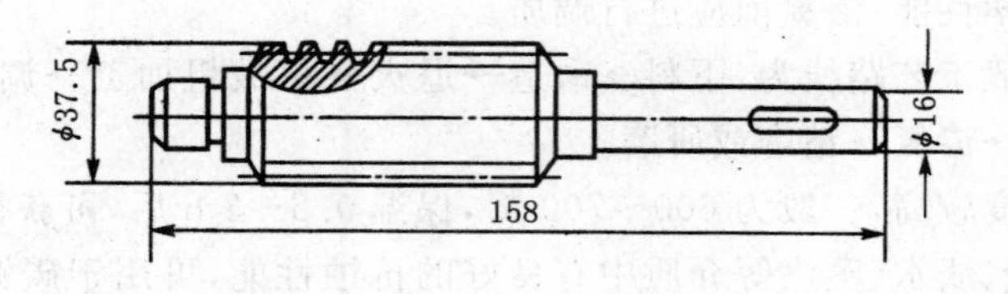

图 4-31　蜗杆零件简图

材料:45 钢;

热处理技术条件:齿部 45HRC～50HRC;其余部位调质 220HBS～250HBS;

一般工艺路线:下料→锻造→正火→粗加工→调质→半精加工→表面淬火＋低温回火→精加工。

五、热处理零件的结构工艺性

在热处理生产中，影响零件热处理质量的因素比较复杂，热处理工艺制订及控制不当，材料本身存在冶金或加工缺陷，材质选择不当及零件结构工艺性不合理等都可能造成热处理缺陷。

零件截面尺寸的变化，直接影响淬火后的有效淬硬深度，影响淬火应力在工件中的分布，从而对变形等将产生很大影响；零件几何形状对淬火变形与开裂的影响更为显著。但由于工件的形状千变万化，很难总结出一个普遍的规律，一般来说应注意以下几点：

(1) 避免截面厚薄悬殊，合理安排孔洞和键槽；

(2) 避免尖角与棱角；

(3) 采用封闭、对称结构；

(4) 采用组合结构。

图 4-32 列举了几种零件因结构设计不合理而易开裂的部位以及应该如何正确设计。当改进零件的结构形状后仍难以达到热处理要求时，就应采取其他各种措施防止和减少变形开裂等热处理缺陷。例如，合理安排工艺路线；修改工件热处理技术条件；按照热处理变形规律，做到冷、热加工配合，调整公差；预留一定加工余量；更换材料及改进热处理操作工艺方法；等等。

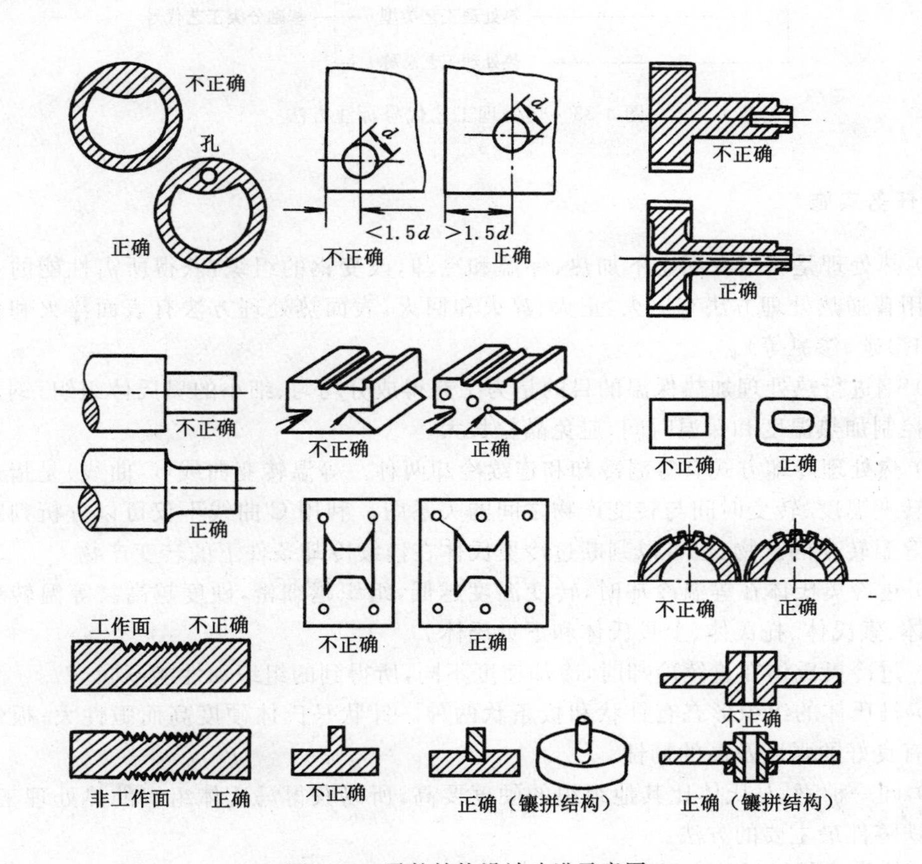

图 4-32　零件结构设计改进示意图

六、热处理技术条件的标注

为方便热处理生产和检验热处理工艺质量，设计者应根据零件的性能要求，在图纸上标明材料牌号，并相应注明热处理的技术条件，其内容包括最终热处理方法及热处理应达到的力学性能指标等。

力学性能指标一般只标出硬度(硬度值波动范围一般为：洛氏硬度在5个单位左右，布氏硬度在30～40个单位)。例如，调质220HBS～250HBS或淬火58HRC～62HRC等(因为回火一般是淬火后的必然工序，故零件图和机械加工工艺文件上可以省略不写)。对于渗碳零件还应标注渗碳层深度，重要零件则要注明热处理名称及热处理后的强度、硬度、塑性和韧性，有时还要标注热处理规范，甚至金相组织要求等。

在图纸上标注热处理技术条件时，可用文字简要说明，也可用代号来标注。

热处理工艺代号标注规定如图4-33所示。热处理工艺代号由基础分类工艺代号(表4-12)及附加工艺代号组成(表4-13、表4-14、表4-15)。

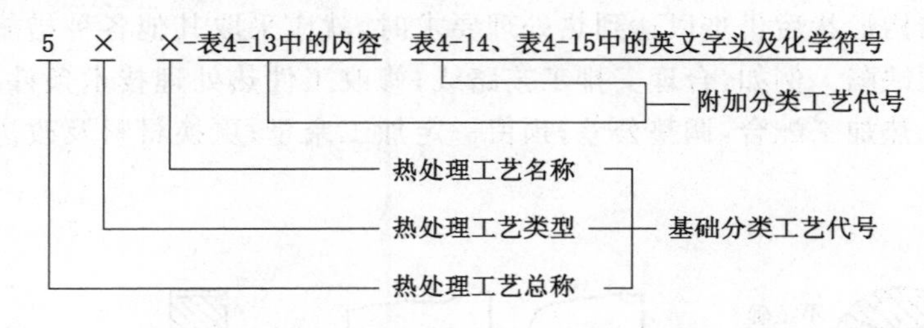

图4-33 热处理工艺代号标注方法

任务实施

(1) 热处理是将钢在固态下加热、保温和冷却，改变钢的组织，获得所需性能的一种工艺。常用普通热处理方法有退火、正火、淬火和回火，表面热处理方法有表面淬火和化学热处理(如渗碳、渗氮等)。

(2) 钢进行热处理加热保温的目的是为了获得成分均匀、细小的奥氏体组织；钢加热时应严格控制加热温度和保温时间，避免晶粒长大。

(3) 热处理冷却方式有等温冷却和连续冷却两种。等温转变曲线(C曲线)是指过冷奥氏体的转变温度、转变时间与转变产物之间的关系图。利用C曲线不仅可以分析判断过冷奥氏体等温转变的产物，也可以判断过冷奥氏体在连续冷却条件下的转变产物。

(4) 过冷奥氏体在等温冷却时，转变温度越低，组织越细密，硬度越高。等温转变产物有珠光体、索氏体、托氏体、上贝氏体和下贝氏体。

(5) 过冷奥氏体在连续冷却时，冷却速度不同，所得到的组织和性能不同。

(6) 马氏体的组织形态有针状和板条状两种。针状马氏体硬度高而脆性大；板条状马氏体具有良好的强度及高的韧性。

(7) 同一种钢，马氏体比其他组织的硬度要高，所以获得马氏体组织的热处理工艺，是强化钢铁零件最主要的方法。

(8) 连续冷却时过冷奥氏体全部转变为马氏体的最小冷却速度，称为临界冷却速度，用$v_{临}$或v_k表示。

表 4-12　　热处理工艺分类及代号

工艺总称	代号	工艺类型	代号	工艺名称	代号
热处理	5	整体热处理	1	退火	1
				正火	2
				淬火	3
				淬火＋回火	4
				调质	5
				稳定化处理	6
				固溶处理，水韧处理	7
				固溶处理＋时效	8
		表面热处理	2	表面淬火＋回火	1
				物理气相沉积	2
				化学气相沉积	3
				等离子体增强化学气相沉积	4
				离子注入	5
		化学热处理	3	渗碳	1
				碳氮共渗	2
				渗氮	3
				氮碳共渗	4
				渗其他非金属	5
				渗金属	6
				多元共渗	7

表 4-13　　加热介质及代号

加热方式	可控气氛（气体）	真空	盐浴（液体）	感应	火焰	激光	电子束	等离子体	固体装箱	流态床	电接触
代号	01	02	03	04	05	06	07	08	09	10	11

表 4-14　　退火工艺及代号

退火工艺	去应力退火	均匀化退火	再结晶退火	石墨化退火	脱氢处理	球化退火	等温退火	完全退火	不完全退火
代号	St	H	R	G	D	Sp	I	F	P

表 4-15　　淬火冷却介质和冷却方法及代号

冷却介质和方法	空气	油	水	盐水	有机聚合物水溶液	热浴	加压淬火	双介质淬火	分级淬火	等温淬火	形变淬火	气冷淬火	冷处理
代号	A	O	W	B	Po	H	Pr	I	M	At	Af	G	C

(9) 退火、正火多作为预备热处理，安排在毛坯生产之后，切削加工之前；淬火＋回火、表面淬火＋低温回火、渗碳＋淬火＋低温回火、渗氮多作为最终热处理，安排在半精加工之后，精加工(一般为磨削)之前。

思考与练习

(1) 什么是热处理？热处理的目的是什么？什么样的材料才能进行热处理？

(2) 钢件热处理加热时，采用哪些方法可获得细小的奥氏体晶粒？

(3) 将共析钢件加热到 760 ℃，保温足够时间，按图 4-34 中曲线①、②、③、④、⑤所示的冷却速度冷至室温。各获得什么组织？其组织的硬度如何？

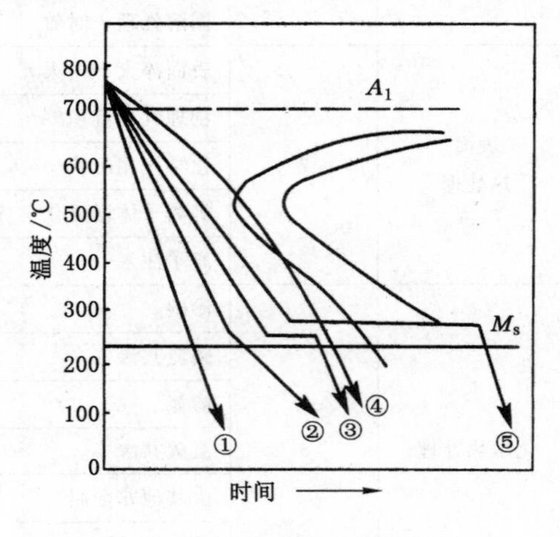

图 4-34　第(3)题图

(4) 什么是马氏体？试简述其晶格和主要形态。

(5) “钢加热成奥氏体组织后，冷得越快得到的硬度越高，水冷比油冷硬，油冷比空冷硬”这种说法在什么情况下正确？什么情况下不正确？

(6) 正火与退火的主要区别是什么？生产中如何选择正火与退火？

(7) 什么是临界冷却速度？它对钢的淬火有何重要意义？

(8) 为什么淬火时，合金钢大多在油中即能淬到高硬度，而碳钢尺寸稍大时，便必须水淬才能得到高硬度？

(9) 什么是淬硬性？淬硬性与实际淬火钢的硬度与含碳量有何关系？这在生产实际中有何重要意义？

(10) 什么是淬透性？它与“C 曲线”位置及临界冷却速度大小有何关系？

(11) 淬火内应力是怎样产生的？有何危害性？为什么钢件厚薄悬殊，冷却剧烈，内应力越大？

(12) 何谓残余奥氏体？它对钢的性能有何影响？如何减少残余奥氏体量？

(13) 为什么钢淬火后一般都要紧接着进行回火？图上标注“淬硬到 60HRC～64HRC”或“淬火 43HRC～48HRC”是什么意思？

(14) 淬火钢回火时，组织发生哪些变化？不同温度回火分别得到哪几种显微组织？

(15) 在砂轮上磨经过淬火的高硬度工具时，为什么要经常用水冷却？

(16) 去应力退火和回火都可消除钢中应力,两者在生产中能否通用?为什么?

(17) 什么是表面淬火?为什么能淬硬表层而芯部组织不变?它和淬火时没有淬透有什么不同?

(18) 表面淬火零件用钢的含碳量一般有何特点?表面淬火零件的预备热处理及工艺路线是怎样的?

(19) 什么是化学热处理?它与一般热处理有何不同?化学热处理过程由哪三部分组成?

(20) 为什么渗碳零件要用低碳钢制造?如果错用成 45 钢或 T8 钢,会造成哪些后果?为什么?

(21) 零件渗碳后,为什么必须淬火回火?淬火回火后,表层与芯部性能如何?为什么?

(22) 什么是渗氮?渗氮的主要目的是什么?为何渗氮后的零件不再淬火和进行切削量大的加工?

(23) 常用的预备热处理和最终热处理各有哪些?其工序位置如何安排?

任务四 金属的表面处理技术

【知识要点】 金属表面强化处理;金属表面防腐处理;金属表面装饰加工。

【技能目标】 了解金属表面覆盖层强化、表面形变强化、表面热处理强化、表面复合强化的基本原理及方法;了解电镀、化学镀、热浸镀、钢铁的发蓝与磷化等处理技术;了解金属表面抛光、表面着色、光亮装饰镀(如光亮镀镍、光亮镀铬等)和美术装饰漆膜等方法。

任务导入

金属材料的表面处理技术是通过某种工艺手段赋予表面不同于基体材料的组织结构、化学组成,因而具有不同于基体材料的性能,以满足工程上对材料及其制品的性能要求。

任务分析

利用各种表面涂层及表面改性技术,提高工件表面的耐磨、减摩、润滑及抗疲劳能力;提高材料在腐蚀性介质中的耐蚀性或抗高温氧化能力;防止金属材料及其制品在生产、储运和使用过程中发生锈蚀;根据需要赋予材料及其制品表面各种特殊的功能,如绝缘、导电、反光、光的选择吸收、电磁性、可焊性、可胶接性等;赋予制品表面光泽、色彩、图纹等优美外观;修复磨损或腐蚀损坏的工件,挽救加工超差的产品。

相关知识

一、金属表面强化处理

金属表面强化处理是通过处理表层的相变、改变表层的化学成分、改变表层的应力状态以及提高表层的冶金质量等途径来改变性能,从而达到强化表面的目的。

(一) 表面覆盖层强化法

金属表面覆盖层强化是金属表面获得特殊性能的覆盖层,以达到提高强度、耐磨、耐蚀、耐疲劳等性能的工艺方法。

1. 金属热喷涂

热喷涂是一种采用专用设备，利用热源将金属或非金属材料加热到熔化或半熔化状态，用高速气流将其吹成微小颗粒并喷射到机件表面，形成覆盖层，以提高机件表面耐蚀、耐磨、耐热等性能。

2. 表面气相沉积

表面气相沉积是利用气相中发生的物理、化学过程，改变工件表面成分，在表面形成具有特殊性能的金属或化合物涂层。气相沉积镀层具有附着力强、均匀、质量好、可得到全包覆镀层等特点，在机械、电器、航天等领域应用广泛。

(1) 化学气相沉积法(CVD)

化学气相沉积法是利用气态物质在一定的温度下于金属表面发生分解或化学反应，并在其上面生成固态沉积膜的过程。

CVD 法所用的设备简图如图 4-35 所示。如钢件要涂覆 TiC 层，则将钛以挥发性氯化物(如 $TiCl_4$)形式与气态或蒸发状态的碳氢化合物一起进入反应室(需获得真空并加热到 900～1 100 ℃)内，用氢作为载体和稀释剂，即会在反应室内的钢件表面上发生如下反应：

$$TiCl_4 + CH_4 + H_2 = TiC + 4HCl\uparrow + H_2\uparrow$$

生成的 TiC 沉积在钢件表面。钢件经沉积后，还需进行热处理，可以在同一反应室内进行。

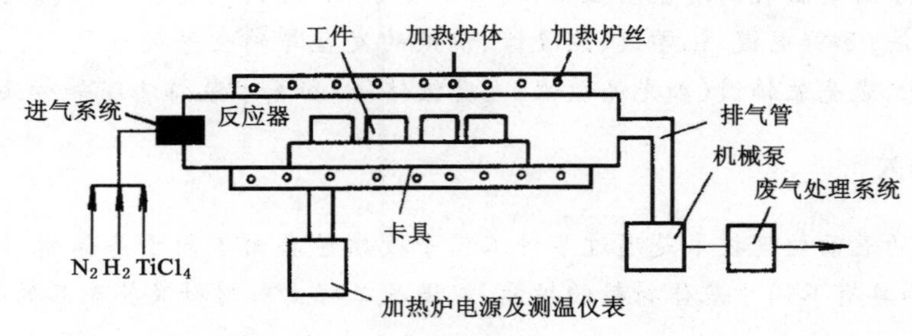

图 4-35 CVD 装置示意图

(2) 物理气相沉积法(PVD)

物理气相沉积法是通过真空蒸发、电离或溅射等过程，产生金属离子并沉积在工件表面，形成金属涂层或与反应气体反应形成化合物涂层。PVD 法的特点是沉积温度低于 600 ℃，变形小，色泽美观，沉积速度比 CVD 法快等。PVD 法有真空蒸镀(图 4-36)、离子镀和真空溅射(图 4-37)三类。

(二) 表面形变强化法

表面形变强化是通过喷丸、滚压和内孔挤压等强化工艺，使金属表层产生形变硬化和残余应力，以提高表层疲劳强度。

喷丸(又称喷砂)是利用高压空气流、高压水或离心力将磨料(弹丸、砂粒等)以很高的速度喷向工件表面，依靠冲击力除去锈迹、高温氧化皮、旧漆、污垢等，同时可使工件表面变形强化并引起残余内应力，提高疲劳强度。喷丸强化用的设备简单、成本低、耗能少，已广泛用于弹簧、齿轮、链条、轴、叶片、火车轮等零部件，可显著提高金属的抗疲劳、抗应力破裂、抗腐蚀疲劳、抗点蚀等的能力。

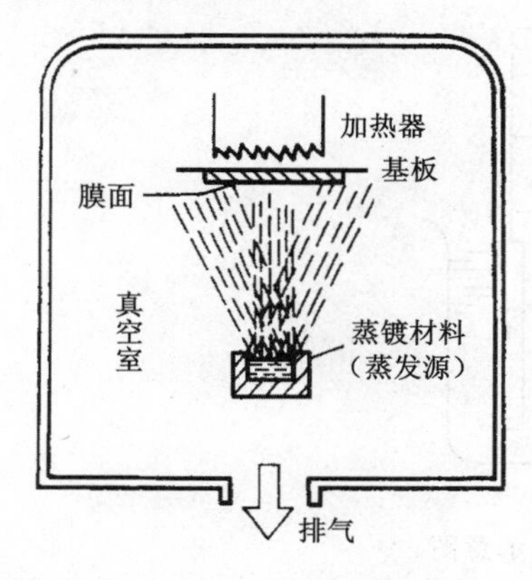

图 4-36　真空蒸镀原理示意图

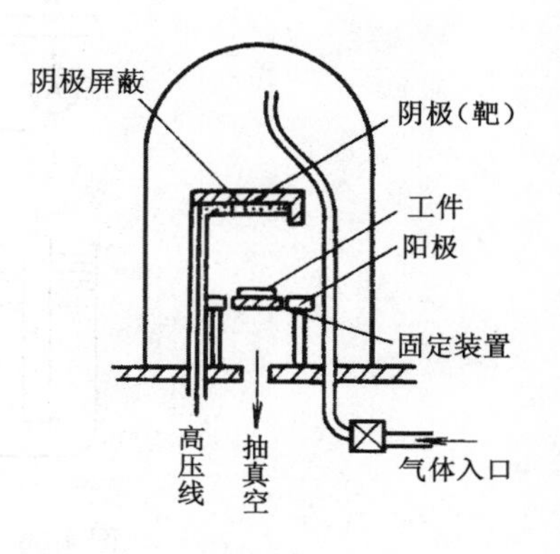

图 4-37　真空溅射装置示意图

滚压加工是将硬度高且光滑的滚柱与金属表面滚压接触，使其局部产生微小塑性变形而进行的塑性精加工，可在短时间内改善表面粗糙度的同时使表面加工硬化，并且由于产生压缩残余应力可得到具有耐久性的表面。

内孔挤压是使孔的内表面获得形变强化的工艺措施，效果也十分显著。

（三）表面热处理强化法

金属表面热处理强化是通过表面淬火、化学热处理等方法，改变表层组织结构（如获得马氏体组织）或改变表层的化学成分，形成单相或多相的扩散层、化合物层来强化表面。生产中常用表面淬火、渗碳、渗氮、碳氮共渗、渗硼等工艺方法使表层获得高强度、高硬度或改变使用性能。

（四）表面复合强化法

金属表面复合强化是将两种以上的表面强化工艺组合起来用于同一工件上，使其各自优点同时发挥，获得更加显著的强化效果。如渗氮后进行高频感应表面淬火，可提高工件的表面硬度、耐磨性和疲劳强度，同时又减少了热处理变形；齿轮、弹簧、曲轴等重要受力件经淬火回火后再经喷丸表面形变处理，其疲劳强度、耐磨性和使用寿命都有明显提高。

二、金属表面防腐与保护处理

表面防腐、保护处理是在金属表面施以覆盖层，以达到防腐蚀的目的。常用的有电镀、化学镀、热浸镀、化学涂覆、磷化等处理技术。

（一）电镀和化学镀

1. 电镀

电镀是指在含有欲镀金属离子的溶液中，以被镀材料或制品为阴极，通过电解作用，在基体表面上获得镀层的方法，如图 4-38 所示。

电镀可以为材料或零件覆盖一层比较均匀的、具有良好结合力的镀层，以改变其表面特性和外观，达到材料保护或装饰的目的。电镀除了用来提高金属及其制品的耐蚀性外，还可以满足某些制品的特殊要求，如提高制品的表面硬度、耐磨性、耐热性、反光性、导电性、润滑性以及恢复零件尺寸、修补零件表面缺陷等。常用镀种有镀锌、镀铬、镀镉、镀镍、镀金、镀铜、镀铁等。

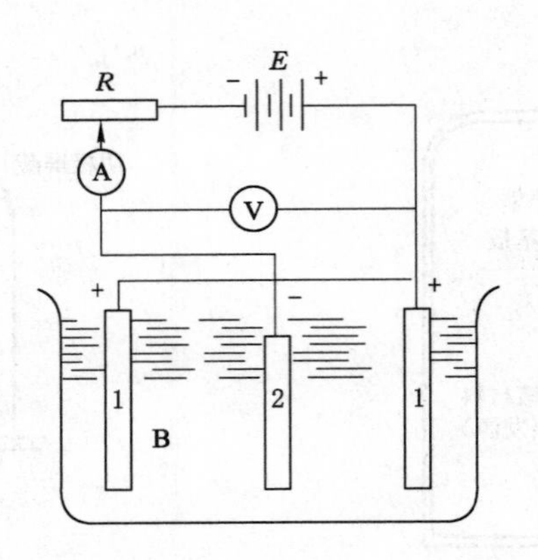

图 4-38 电镀原理(镀锌)示意图

E——直流电源;R——可变电阻;A——电流表;V——电压表;B——电镀槽

1——阳极(锌板);2——阴极(零件)

2. 化学镀

化学镀也称为无电解镀,是一种不使用外电源,而是利用还原剂使溶液中的金属离子在基体表面还原沉积的化学处理方法。化学镀工艺不需要直流电源设备,处理工艺较为简单,在金属和非金属材料上都能进行镀覆。由于不存在电流分布的问题,所以在形状复杂的零件表面也能获得厚度均匀的镀层。其催化特点可使镀件表面形成任意厚度的镀层。镀层孔隙少,致密性好,硬度高,耐蚀性和耐磨性强,某些化学镀层还具有独特的化学、力学或磁性能。目前,化学镀镍、铜、银、金、钴、钯、铂、锡,化学镀二元、三元合金,化学复合镀层等已在工业生产上采用。

(二) 热浸镀

热浸镀简称热镀,是把被镀件浸入到熔融的金属液体中,使其表面形成金属镀层的一种工艺方法。热浸镀层金属的熔点要求比基体金属材料的低得多,常常限于采用低熔点金属及其合金。例如锌、铝、锡、铅及其合金。与电镀法相比,用热镀法获得的镀层较厚,在相同的磨蚀环境中,热浸镀层的使用寿命较长。而且热浸镀层与基体金属是通过一定厚度的中间合金层连接在一起的,因此具有较强的结合力。目前,热浸镀主要用于钢板(带)、钢丝、钢管、型钢、螺栓、螺帽、加工钢材及加工零件等各种形状制品的表面防蚀,其中数量最多的是钢板(带)。

(三) 化学涂覆

化学涂覆是用化学方法在金属表面形成一层非金属的保护膜(多为氧化膜)的方法。

1. 钢铁氧化处理——发蓝

发蓝(发黑)处理将钢在空气-水蒸气或化学药物中加热到适当温度,使钢表面形成一层蓝色或黑色氧化膜(Fe_3O_4),以改善钢的耐蚀性和外观,这种工艺称发蓝处理。氧化膜厚度为 0.5~1.5 μm,有一定的耐蚀性,且色泽美观,广泛用于机械零件、精密仪器和枪支上的零件等。

2. 钢铁磷化处理

磷化(磷酸盐处理)是将工件浸入磷酸盐溶液中,使其表面获得一层致密的不溶于水的灰白或灰黑色磷酸盐薄膜的工艺。磷化膜厚度一般为 7~20 μm,与基体金属结合力强,并且有较高的电阻，绝缘性能好，比发蓝的抗蚀能力强。磷化处理的主要施工方法有浸渍法、喷淋法和浸喷组合法。为提高磷化防锈效果，常在磷化后再进行涂油或钝化处理，以减少磷化膜的多孔性。磷化常用于螺钉、螺母等。

三、金属表面装饰加工

金属表面装饰加工是指通过表面抛光、表面着色、光亮装饰镀（如光亮镀镍、光亮镀铬等）和美术装饰漆膜等方法，使零件表面变成光滑如镜、有鲜艳色彩和美丽光泽的装饰面。表面装饰加工不仅有装饰性，还可提高金属表面的物理、化学性能，如耐蚀性等。

（一）表面抛光

表面抛光是利用机械、化学或电化学作用，在抛光机或砂带磨床上进行的光整加工方法。加工时，抛光膏涂在高速旋转的软弹性抛光轮或砂带上，利用剧烈摩擦产生高温，使加工面上形成极薄熔流层，即可填平加工面上的凹凸微观不平。表面抛光适于镀层表面修饰。磨光用的磨料：对于青铜、黄铜、铸铁、硬铝、锡、锌等软材料，用人造金刚砂；对于钢，用人造刚玉。

（二）表面着色

表面着色是在金属表面形成一层很薄的、有化学耐蚀性的基体金属化合物，经过抛光，则这一薄层显得平滑和富有光泽。用不同的着色工艺，可使常用金属或合金获得不同颜色。铝是最容易着色的金属之一。

（三）光亮装饰镀

光亮镀镍是在普通电镀基础上，加入少量使镀层产生光亮的添加剂，而形成光亮镀镍层。光亮镀铬一般是在光亮镀镍后直接进行的。

（四）美术装饰漆膜

美术漆是一种用途广泛的工业用漆。其漆膜有锤纹、起皱、开裂、凹凸等各种美丽花纹。立体感强、丰富多彩的花纹又能起到装饰作用。

任务实施

（1）金属表面处理技术有金属表面强化处理、金属表面防腐处理和金属表面装饰加工。

（2）生产中常用的表面强化方法有金属表面覆盖层强化、表面形变强化、表面热处理强化、表面复合强化等。

（3）金属防腐与保护处理技术主要有电镀、化学镀、热浸镀、钢铁的发蓝与磷化等。

（4）表面抛光、表面着色、光亮装饰镀和美术装饰漆膜等方法不仅有装饰性，还可提高金属表面的物理、化学性能。

思考与练习

（1）什么是金属热喷涂技术？它属于哪一种金属表面强化处理方法？

（2）金属的腐蚀形式有全面腐蚀和局部腐蚀，哪种腐蚀危害性更大？为什么？

（3）化学腐蚀和电化学腐蚀有何区别？

（4）什么是发蓝和磷化？防护性如何？

（5）金属表面装饰加工的途径有哪些？

（6）指出生活中常见的建筑设施、家具、电器、工具等所采用的表面处理技术。

项目五 常用金属材料

传统金属材料主要包括工业用钢(包括碳钢与合金钢)、铸铁和有色金属材料(也称非铁金属材料)三大类。因其具有优良的力学性能和某些物理、化学性能,因此被广泛地用于制造各种重要的机械零件和工程结构,目前仍是机械工程中最主要的结构材料。

本项目共分四项基本任务。

任务一 工 业 用 钢

【知识要点】 碳及常存杂质元素对钢性能的影响;合金元素在钢中的主要作用;工业用钢的分类;工程构件用钢;机械零件用钢;工具钢;特殊性能钢。

【技能目标】 掌握常用碳钢和合金钢的牌号、成分、性能、主要用途及常用的热处理方法;根据各种零件或工具的使用性能要求,合理选用钢的牌号及热处理方法。

任务导入

工业用钢包括碳钢与合金钢。碳钢是指含碳量小于2.11%并含有少量杂质元素的铁碳合金。碳钢冶炼方便,价格便宜,容易加工,经过一定的热处理后,性能可以满足一般机械零件的要求,故在建筑、交通运输及机械制造业中得到了广泛的应用。合金钢是在碳钢基础上加入一种或几种合金元素所得的钢种,其目的是为了改善碳钢的力学性能或获得某些特殊性能。合金钢的生产工艺较复杂,对热处理工艺参数要求严格,成本高,某些工艺性能比碳钢差,因此当碳钢能满足要求时,应优先选用碳钢,而不随便选用合金钢。

任务分析

工业生产中,一般先用铁矿石(除铁的氧化物外,还有其他元素的氧化物,如 SiO_2、MnO、Al_2O_3)等原料冶炼成生铁(一般含碳量为3.5%~4.5%,并含有大量Si、Mn、S、P等杂质元素),再由生铁等冶炼成钢(一般含碳量低于1.3%,杂质含量在规定限度以下)。所炼成的钢液,除少数直接铸成铸钢件外,绝大多数都是先铸成钢锭,再经轧制等压力加工方法制成各种钢材(棒、带、板、管、各种型材)或大型锻件,供进一步加工使用。

钢中常存杂质元素主要是Si、Mn、S、P等,而钢中加入的合金元素主要有Mn、Si、Cr、Ni、Mo、W、V、Ti、Nb、Al、Cu、N、B、Xt(稀土元素)等,对钢的性能和质量都有一定影响。

相关知识

一、碳及杂质元素对钢性能的影响

(一) 碳的影响

碳是决定钢性能的主要元素。一般来说,在退火和正火状态下,含碳量越高,钢的强度、硬度越高,而塑性和韧性越低。钢淬火后的硬度(马氏体硬度)和塑性、韧性,也与含碳量有密切关系。含碳量较高的钢,淬火后硬度高,塑性、韧性差;低碳钢淬火后若得到低碳马氏体组织,在具有较高强度、硬度的条件下,兼有较好的塑性和韧性。

含碳量对钢的加工工艺性能也有很大的影响。例如,含碳量低的钢,因其强度低、塑性好,容易锻造和冷加工成形(如冷弯、冷挤、冷铆等);焊接性能良好,能用一般的焊接方法取得良好的焊接质量。含碳量提高后,塑性变形抗力增大,变形能力降低;焊接性能也有所下降。

(二) 杂质元素的影响

1. Si、Mn 的影响

Si、Mn 都能溶于铁素体中(Mn 还能溶于 Fe_3C),对钢具有强化作用,使强度、硬度有所提高。Si 还能提高钢液的流动性,有利于铸造成形。Mn 还能与 S 形成高熔点(1 620 ℃)的 MnS,以减轻 S 的有害作用。

因此,Si、Mn 是钢中的有益元素。

2. S、P 的影响

S 在钢中不溶于 Fe 而是以 FeS 存在,而 FeS 又与 Fe 形成低熔点(985 ℃)的共晶体,分布于晶界上。当钢材在 1 000～1 200 ℃进行热压力加工时,由于共晶体熔化而使晶粒分离,导致钢材开裂,这种现象称为热脆。

P 在钢中能全部溶于铁素体,使钢的强度、硬度增加,而塑性、韧性显著降低,韧脆转变温度提高,这种现象称为冷脆。

因此,S、P 是钢中的有害杂质,直接影响钢的质量。钢中 S、P 的含量越少,钢的品质越好。S、P 的含量是衡量钢质量等级的指标之一。

S、P 虽是有害元素,但可提高钢的切削加工性能。因为 S、P 增加钢的脆性,使切屑容易断裂,从而提高切削效率,延长刀具寿命,还能改善工件表面粗糙度。因此在受力不大的标准件中,有意将 S、P 含量提高,这种钢称为易切削钢。

二、合金元素在钢中的主要作用

(一) 提高钢的强度和硬度

大多数合金元素(除 Pb 外)均可溶于铁素体,形成合金铁素体,产生固溶强化作用,使钢的强度、硬度提高,塑性、韧性有所下降,如图 5-1 所示。由图可知,Si、Mn 能显著强化铁素体,但当 Si$>$1%、Mn$>$1.5%时,则显著降低铁素体的韧性;当 Cr$>$2%时,也将降低韧性;只有 Ni 比较特殊,在铁素体中含量高达 4%～5%时,仍能提高韧性。

合金元素(如 Mn、Cr、Mo、W、V、Nb、Ti 等)可与碳形成比 Fe_3C 硬度更高、稳定性更大的合金碳化物(包括合金渗碳体和特殊碳化物),起第二相强化作用,提高钢的强度、硬度与耐磨性。碳化物的稳定性越高,就越难溶于奥氏体,也就不易聚集长大。

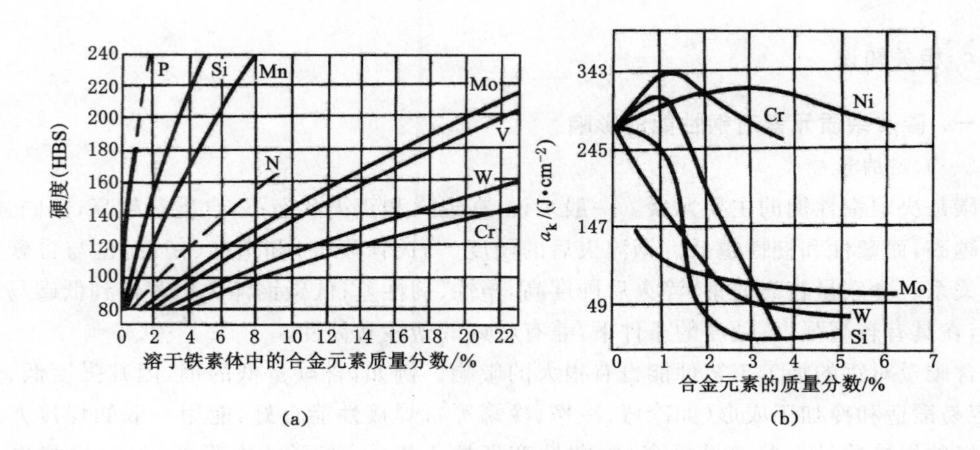

图 5-1 合金元素对铁素体力学性能的影响

(a) 对硬度的影响;(b) 对韧性的影响

(二) 细化晶粒

合金元素(除 Mn 外)的加入,使奥氏体的形成速度减慢,奥氏体晶粒的长大倾向减小。当特殊碳化物如 VC、TiC 等呈细颗粒状均匀分布时其细化晶粒的作用更为明显,有利于在淬火后获得细小马氏体组织。

(三) 提高钢的淬透性与回火稳定性

合金元素(除 Co 外)溶入高温奥氏体后,使奥氏体稳定性增加,C 曲线右移(有些合金元素还会使 C 曲线形状发生变化),淬火临界冷却速度(v_k)减小,显著提高钢的淬透性;合金元素溶入马氏体后,阻碍碳原子的扩散,提高了钢的回火稳定性;某些合金元素(如 V、Mo、W 等)还会造成钢在回火时的二次硬化(钢在回火时出现硬度回升的现象),对需要较高热硬性(高温下保持高硬度的能力)的工具钢具有重要意义。

(四) 提高钢的耐热性和抗蚀性

合金元素可通过强化晶界、提高再结晶温度、形成难以聚集长大的合金碳化物等,提高钢的高温强度;还可通过在材料表面形成致密的氧化膜、提高合金钢中基体相的电极电位、形成单相组织等来提高钢的抗蚀能力。

合金元素在钢中的作用,只有通过适当的热处理才能发挥出来,因此大多数合金钢必须通过适当的热处理才能使用。

三、工业用钢的分类

钢的种类繁多,为了便于生产、管理和使用,必须进行分类与编号。下面介绍几种常用的分类方法。

(一) 按化学成分分类

钢按化学成分可分为碳钢与合金钢。此外,按含碳量的多少可分为低碳钢($w_C<0.25\%$)、中碳钢($0.25\%\leqslant w_C\leqslant 0.6\%$)和高碳钢($w_C>0.6\%$);按合金元素总含量可分为低合金钢(合金元素总含量<5%)、中合金钢(合金元素总含量=5%~10%)和高合金钢(合金元素总含量>10%);按合金元素种类可分为锰钢、硅钢、硅锰钢、铬镍钢等。

(二) 按质量(S、P 含量)分类

按有害杂质 S、P 含量的多少,钢可分为普碳钢(S≤0.05%、P≤0.045%)、优质钢(S≤

0.035%、P≤0.035%)、高级优质钢(S≤0.025%、P≤0.025%)和特级优质钢(S≤0.015%、P≤0.025%)。

(三) 按用途分类

按用途可将钢分为结构钢(用于制造各种工程结构件及机械零件的钢)、工具钢(用于制造各种刃具、模具、量具的钢)和特殊性能钢(具有某种特殊物理、化学、力学性能的钢,用于制造有特殊要求的零件或结构)。

(四) 按冶炼时脱氧程度分类

按冶炼时的脱氧程度不同可分为沸腾钢(脱氧不完全的钢)、镇静钢(脱氧完全的钢)和半镇静钢(介于沸腾钢与镇静钢之间的钢)。

四、工程构件用钢

工程构件用钢包括碳素结构钢和低合金结构钢,这类钢对S、P等杂质元素含量的限制较宽,故冶炼简便,成本较低。通常制成各种板、带、管、线及型材等,一般在热轧空冷或正火状态下使用。其用量很大,约占钢材总量的70%以上,广泛用作建筑、桥梁、铁道、车辆、船舶、压力容器、起重机械等钢结构件以及一般的机械零件等。

这类钢的牌号表示方法是由"Q、数字、质量等级符号和脱氧程度符号"四部分按顺序组成。Q为屈服点的"屈"字汉语拼音字首;数字为最低屈服强度值(MPa);质量等级符号用A、B、C、D、E表示,质量依次增高;脱氧程度符号用F(沸腾钢)、Z(镇静钢)、b(半镇静钢)、TZ(特殊镇静钢)表示,Z和TZ符号在牌号中可省略。例如Q235AF表示$\sigma_s \geqslant 235$ MPa的A级沸腾钢。

(一) 碳素结构钢

碳素结构钢一般在供应状态(热轧或正火状态)下使用,但也可根据需要在使用前对其进行热加工或热处理,主要用于制造普通工程构件和一般机械零件。碳素结构钢的牌号、化学成分、力学性能及用途见表5-1。

表5-1 碳素结构钢的牌号、化学成分、力学性能及用途

牌号	等级	化学成分/%			力学性能			用途
		C	S≤	P≤	σ_s/MPa	σ_b/MPa	δ/%	
Q195	—	0.06~0.12	0.05	0.45	195	315~390	33	用于载荷不大的结构件,铆钉、螺钉、垫圈、地脚螺栓、开口销、拉杆等
Q215	A	0.09~0.15	0.05	0.045	215	235~450	31	
	B		0.045					
Q235	A	0.14~0.22	0.05	0.045	235	375~460	26	用于受力较大的结构件,钢板、钢筋、型钢,螺栓、螺母、吊钩、铆钉、拉杆、齿轮、轴、连杆等
	B	0.12~0.20	0.045	0.045				
	C	0.18	0.04	0.040				
	D	0.17	0.035	0.035				
Q255	A	0.18~0.28	0.50	0.045	255	410~550	24	用于承受中等载荷的零件,如键、链、销、转轴、拉杆、螺栓、螺纹钢筋等
	B		0.045					
Q275	—	0.28~0.38	0.050	0.045	275	490~630	20	

（二）低合金结构钢

低合金结构钢是在低碳钢的基础上，加入少量合金元素（主加 Mn，辅加 Si、Mo、Ti、Nb、V 等）形成的。在确保良好的焊接性及较好的塑性、韧性的基础上，强度显著高于相同碳量的碳素结构钢。此外，还具有较好的耐大气腐蚀能力，比普通碳素结构钢更低的韧脆转变温度。主要用于制造较重要的工程构件，大多数在热轧或正火状态下使用，目前也有将其进行调质后使用。常用低合金结构钢的牌号、力学性能及用途见表 5-2。

表 5-2　　常用低合金结构钢的牌号、力学性能及用途

牌号	力学性能			用途
	σ_s/MPa	σ_b/MPa	δ/%	
Q295	295	390～570	23	用于各种容器、螺旋焊管、车辆用冲压件、建筑用结构件、农机结构件、储油罐、输油管道、低压锅炉汽包等
Q345	345	470～630	21	用于桥梁、船舶、车辆、管道、锅炉、各种容器、起重及矿山机械、电站设备和厂房钢梁等
Q390	390	490～650	19	用于中高压锅炉汽包、中高压石油化工容器、大型船舶、车辆、起重机、较高负荷的焊接件、连接构件等
Q420	420	520～680	18	用于高压容器、重型机械、大型桥梁、船舶、机车车辆及其他大型焊接结构件
Q460	460	550～720	17	用于大型挖掘机、起重运输机械、钻井平台等

目前我国低合金结构钢品种逐渐增多，质量日益提高，而成本与碳素结构钢相近，因此，推广使用低合金结构钢来代替碳素结构钢，在经济上具有重大意义。近年来，各种结构及高压容器均向大型化发展，若使用强度低的一般钢材，则截面及自重均将增大，经济性差。若用低合金结构钢来代替碳素结构钢，在相同的承载条件下，至少可使结构重量减轻 20%～30%。例如武汉长江大桥采用 Q235（原 A3）钢制造，其主跨跨度为 128 m；南京长江大桥采用 Q345（原 16Mn）钢制造，其主跨跨度增加到 160 m；而九江长江大桥采用 Q420（原 15MnVN）钢制造，其主跨跨度提高到 216 m。再比如，我国载重汽车的大梁采用 Q345 钢后，载重比由 1.05 提高到 1.25。

五、机械零件用钢

机械零件用钢包括优质碳素结构钢和合金结构钢，一般经热处理后使用，主要用于制造较重要的机械零件，如各种齿轮、蜗轮、凸轮、轴、连杆、弹簧、滚动轴承等。按钢的用途和热处理特点，分为渗碳钢、调质钢、弹簧钢、滚动轴承钢和铸钢等。

优质碳素结构钢的牌号由两位数字组成，两位数字表示钢中平均含碳量的万分数，钢中锰含量较高（0.7%～1.2%）时，在牌号后标注“Mn”。如 45 钢表示平均含碳量为 0.45%的优质碳素结构钢；65Mn 钢表示平均含碳量为 0.65%的较高含锰量优质碳素结构钢。

合金结构钢的牌号采用“两位数字＋化学元素符号＋数字”的方法表示，前面的两位数字表示钢中平均含碳量万分数，所含合金元素用其化学元素符号表示，元素符号后面的数字表示其平均含量的百分数（当含量小于 1.5%时不标注）。若为高级优质钢，则在牌号后加注字母“A”。如 60Si2Mn 表示平均含碳量为 0.6%，平均含 Si 量为 2%，Mn 含量小于1.5%的合金结构钢；又如 50CrVA 表示平均含碳量为 0.5%，Cr、V 含量均小于 1.5%的高级优质

合金结构钢。

（一）渗碳钢

用于制造渗碳零件的钢称为渗碳钢，包括碳素渗碳钢和合金渗碳钢。渗碳钢主要经渗碳、淬火、低温回火后使用，获得“表硬芯韧”的性能，用于制造承受强烈摩擦、磨损和冲击载荷的机械零件，如汽车、拖拉机变速齿轮，内燃机的凸轮、活塞销等。渗碳钢一般含碳量为0.10％～0.25％，以保证渗碳零件芯部具有足够的塑性和韧性。在合金渗碳钢中，常加入Cr、Mn、Ni、B、Ti、V等，以提高淬透性、改善塑性和韧性、细化晶粒等。

常用渗碳钢的牌号、性能及用途见表5-3。

表5-3　　常用渗碳钢的牌号、性能及用途

牌　号	力学性能（渗碳、淬火、低温回火后）					用途
	σ_s/MPa	σ_b/MPa	δ/％	ψ/％	a_k/(J/cm^2)	
20	250	420	25	55		小轴、轴套、小模数齿轮、活塞销等小型渗碳件
20Cr	550	850	10	40	60	机床变速箱齿轮、齿轮轴、活塞销、蜗杆等
20CrMnTi	850	1 100	10	45	70	汽车、拖拉机变速箱齿轮、轴、蜗杆、活塞销等重要渗碳件
20MnVB	885	1 100	10	45	70	可代替20CrMnTi
20Cr2Ni4	1 100	1 200	10	45	80	大截面渗碳件如大型齿轮、轴等

渗碳钢也可进行淬火、低温回火处理，获得较高强韧性的低碳马氏体，代替调质钢使用。

（二）调质钢

经调质后使用的钢称为调质钢，包括碳素调质钢和合金调质钢。调质钢主要经淬火、高温回火（即调质）后使用。对于零件某些部位要求硬度高、耐磨时，还可再进行表面淬火、低温回火，如对耐磨性要求极高时，可选用渗氮钢进行渗氮处理。主要用于制造受力复杂、要求综合力学性能好的重要零件，如机床主轴、连杆、高强度螺栓、齿轮、汽车半轴等。为保证具有良好的综合力学性能，调质钢的含碳量为0.25％～0.50％；合金调质钢中常加入Cr、Si、Mn、Ni、Mo、W、V、Ti等，以提高淬透性和回火稳定性，并使铁素体强化等。

常用调质钢的牌号、性能及用途见表5-4。

表5-4　　常用调质钢的牌号、性能及用途

牌号	力学性能（调质后）					用途
	σ_s/MPa	σ_b/MPa	δ/％	ψ/％	a_k/(J/cm^2)	
45	360	610	16	40	50	机床主轴、齿轮、曲轴、蜗杆、螺栓、螺母等
40Cr	800	1000	9	45	60	汽车后半轴、机床齿轮、轴、曲轴、连杆螺栓等
40MnB	800	1000	10	45	60	代替40Cr
35CrMo	850	1000	12	45	80	代替40Cr
40CrNi	800	1000	10	45	70	汽车、拖拉机、机床、柴油机的轴、齿轮、连杆螺栓、电动机轴等
38CrMoAlA	850	1000	15	50	90	专用氮化钢，制造磨床主轴、自动车床主轴、精密丝杠、精密齿轮、镗床镗杆、高压阀门等

调质钢有时也采用淬火、中温回火或低温回火，组织分别为回火托氏体与回火马氏体，用于制造承受小能量多次冲击的零件或高强度耐磨零件，如模锻锤杆、轴套等采用中温回火，高强度耐磨轴、凿岩机活塞、球头销等采用低温回火。

（三）弹簧钢

弹簧钢主要用于制造各种弹簧和弹性零件，经淬火、中温回火后使用。弹簧钢包括碳素弹簧钢和合金弹簧钢，为保证具有较高强度与一定韧性，弹簧钢的含碳量为 0.5%～0.7%；合金弹簧钢中常加入 Si、Mn、Cr、Mo、V 等，以提高淬透性、回火稳定性和强化铁素体，使钢具有高的弹性极限和屈强比等。

常用弹簧钢的牌号、性能及用途见表 5-5。

表 5-5 常用弹簧钢的牌号、性能及用途

牌号	热处理		力学性能					用途
	淬火温度 /℃	回火温度 /℃	HRC（查考）	σ_s /MPa	σ_b/MPa	δ /%	ψ/%	
65	840 油	500	30～34	785	980	9	35	小型弹簧，如调压调速弹簧、柱塞弹簧、测力弹簧、一般机械上用的螺旋弹簧
65Mn	830 油	540	38～42	800	1 000	8	30	小尺寸各种底垫弹簧、离合器弹簧、制动弹簧、气门弹簧等
60Si2Mn	870 油	480	42～46	1 200	1 300	5	25	机车车辆、汽车、拖拉机上的板簧、螺旋弹簧、汽缸安全阀弹簧、止回阀弹簧等
50CrVA	850 油	500	38～43	1 150	1 300	10	40	大截面、高负荷的重要弹簧机 300 ℃以下工作的阀门弹簧、活塞弹簧、安全阀弹簧等

根据弹簧的制造工艺，可分为冷成形弹簧与热成形弹簧两类。

1. 冷成形弹簧

对于钢丝直径小于 8～10 mm 的弹簧，一般采用冷拉钢丝（冶金厂已铅浴处理）冷卷成形，如图 5-2 所示。冷成形弹簧只需在 200～250 ℃的油槽中进行一次去应力回火即可。

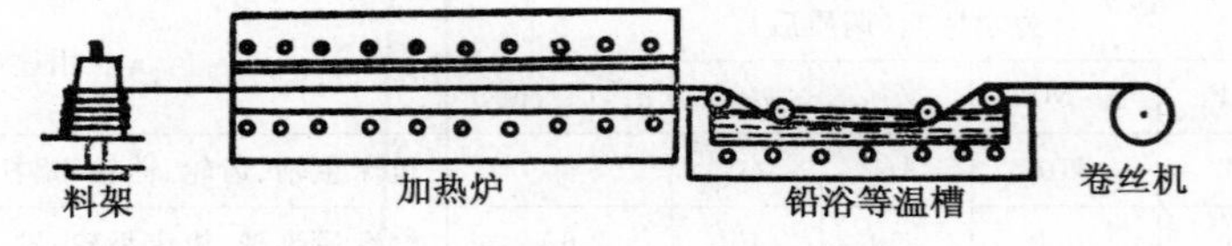

图 5-2 冷成形弹簧制造工艺示意图

2. 热成形弹簧

截面尺寸大于 10～15 mm 的螺旋弹簧或板弹簧，一般采用热成形。将细圆钢或扁钢加热至奥氏体状态成形，随即进行淬火、中温回火，获得回火托氏体组织。由于弹簧表面缺陷对疲劳强度影响很大，因此热处理后往往要进行喷丸处理，以提高疲劳强度。

弹簧钢也可进行淬火、低温回火处理，用以制造高强度耐磨件，如弹簧夹头、机床主轴等。

（四）滚动轴承钢

滚动轴承钢均为合金钢，主要用于制造各种滚动轴承的内、外圈及滚动体（滚珠、滚柱、滚针），也可代替低合金工具钢制造形状复杂的刃具、冷冲模具、精密量具及精密丝杠等，经淬火、低温回火后使用。为了保证具有高的硬度和耐磨性，滚动轴承钢的含碳量一般为0.95%～1.15%，主加元素Cr的含量为0.4%～1.65%，辅加元素Si、Mn，以提高淬透性，提高钢的耐磨性和接触疲劳强度；为了保证钢的韧性，滚动轴承钢均为高级优质钢。

滚动轴承钢的编号采用“G+Cr+数字”表示，G是用途代号，Cr为主加元素符号，后面的数字表示Cr含量千分数，其他元素含量仍按百分数表示，牌号中不表示碳含量。如GCr15，表示平均含Cr量为1.5%的滚动轴承钢；GCr15SiMn表示平均含Cr量为1.5%，Si、Mn含量均小于1.5%的滚动轴承钢。

常用滚动轴承钢的牌号、性能及用途见表5-6。

表5-6 常用滚动轴承钢的牌号、性能及用途

牌号	热处理		HRC	用途
	淬火温度/℃	回火温度/℃		
GCr9	800～820	150～180	62～66	20 mm以内的滚动轴承
GCr15	820～840	150～160	62～66	汽车、拖拉机发动机、变速器及车轮上的轴承，机床、电机、矿山机械、电力机车、通风机械上主轴轴承等
GCr15SiMn	820～840	170～200	≥62	重型机床、大型机器、铁路车辆轴箱轴承等
GCr15MoV	770～810	165～175	≥62	同GCr15SiMn

（五）铸钢

铸钢包括铸造碳钢和铸造合金钢。一些形状复杂、综合力学性能要求较高的大小零件，因难于用锻造方法获得，在性能上又不能用力学性能较低的铸铁，而采用铸钢件，如轧钢机机架、水压机横梁、机车车架、汽车与拖拉机齿轮拨叉、起重行车车轮、大型齿轮、气门摇臂等。铸造碳钢的含碳量为0.2%～0.6%，为了改善铸钢的组织，消除内应力，铸后应进行退火或正火处理；对某些局部表面要求耐磨的中碳铸钢件，可进行局部表面淬火、低温回火处理。为提高铸造碳钢的力学性能，可通过加入合金元素，形成铸造合金钢。

铸造碳钢的牌号采用“ZG+数字-数字”表示。ZG代表铸钢，第一组数字为最低屈服强度(MPa)，第二组数字为最低抗拉强度(MPa)。如ZG200-400表示最低屈服强度为200 MPa，最低抗拉强度为400 MPa的铸造碳钢。

铸造合金钢的牌号是在合金结构钢的牌号前面加“ZG”表示，当钢中含碳量大于1%时不标出，当钢中含碳量小于0.1%时用0或00表示。如ZG35SiMn表示平均含碳量为0.35%，Si、Mn含量均小于1.5%的铸造合金钢；ZG0Cr18Ni9表示平均含碳量小于0.1%，Cr含量为18%，Ni含量为9%的铸造合金钢。

六、工具钢

工具钢主要用于制造各种刃具、模具、量具等，包括碳素工具钢（优质或高级优质钢）和

合金工具钢(均为高级优质钢)。

碳素工具钢的牌号由“T+数字”组成。T为“碳”字的汉语拼音字首，后面的数字表示钢中平均含碳量的千分数，若为高级优质钢时，则在牌号后加“A”。如T8表示平均含碳量为0.8%的碳素工具钢；T12A表示平均含碳量为1.2%的高级优质碳素工具钢。

合金工具钢的牌号原则是：当含碳量<1.0%时用一位数字表示其含量的千分数，当平均含碳量大于等于1.0%时则不标出(高速钢除外)，合金元素的表示方法与合金结构钢相同。如9SiCr表示平均含碳量为0.9%，Si、Cr含量均小于1.5%的合金工具钢；CrWMn表示平均含碳量大于等于1.0%，Cr、W、Mn含量均小于1.5%的合金工具钢。

(一) 碳素工具钢与低合金工具钢

碳素工具钢和低合金工具钢的含碳量一般都不小于0.7%，经淬火、低温回火后，具有高的硬度(一般大于60 HRC)、高的耐磨性及一定韧性，但热硬性不高(≤300 ℃)，主要用于制造低速切削刃具、冷作模具以及量具。

常用碳素工具钢和低合金工具钢的牌号、热处理性能及用途见表5-7、表5-8。

表5-7 常用碳素工具钢的牌号、热处理性能及用途

牌号	退火状态 HB(不小于)	试样淬火			用途
		温度/℃	冷却介质	HRC(不小于)	
T7 T7A	187	800～820	水	62	承受冲击，韧性较好、硬度适当的工具，如凿子、手钳、大锤、木工工具
T8 T8A	187	780～800	水	62	承受冲击，要求较高硬度的工具，如冲头、剪切金属用的剪刀、木工工具
T10 T10A	197	760～780	水	62	不受剧烈冲击，高硬度耐磨的工具，如车刀、刨刀、丝锥、钻头、手锯条、冲模、量具
T12 T12A	207	760～780	水	62	不受冲击，高硬度耐磨的工具，如锉刀、刮刀、精车刀、量具

表5-8 常用低合金工具钢的牌号、热处理性能及用途

牌号	退火状态 HB	试样淬火			用途
		温度/℃	冷却介质	HRC(不小于)	
9SiCr	197～241	820～860	水	62	板牙、丝锥、铰刀、搓丝板、冷冲模
9Mn2V	≤229	780～810	水	62	板牙、丝锥、样板、量规、冲模、精密丝杠、磨床主轴
CrWMn	207～255	880～830	水	62	长丝锥、长铰刀、拉刀、高精度量规、块规、精密丝杠、冷冲模

(二) 高速钢

高速钢是在高碳钢(含碳量一般为0.7%～1.65%)的基础上，加入大量碳化物形成元素W、Mo、V等而形成的高合金钢(属于莱氏体钢)。经淬火、回火后，具有高的硬度(63～65 HRC)与高的耐磨性、高的热硬性(可达600 ℃)，强度与韧性也较好，且淬透性很高，淬火

加热后在空气中冷却也能淬硬，故俗称“风钢”“锋钢”。主要用于制造高速切削刃具，如车刀、铣刀、麻花钻头等，也可用于制造负荷大、形状复杂的刃具，如齿轮铣刀、拉刀，以及冷挤压模、冷冲模和某些耐磨零件等。

常用高速钢的牌号、热处理性能及用途如表 5-9 所列。

表 5-9　　常用高速钢的牌号、热处理性能及用途

牌号	淬火、回火			HRC（不小于）	用途
	淬火温度/℃	冷却介质	回火温度/℃		
W18Cr4V	1 270～1 285	油	550～570	63	制造一般高速切削用车刀、刨刀、钻头、铣刀、插齿刀、铰刀等
W6MoCr4V2	1 210～1 230	油	550～570	63～64	制造要求耐磨性和韧性很好配合的高速切削刃具，如丝锥、钻头等，并适于采用轧制、扭制等热变形成形工艺来制造
W6Mo5Cr4V2Al	1 230～1 240	油	550～570	65	制造切削难加工材料用的车刀和成形刃具

高速钢属莱氏体钢，铸态组织十分不均匀，存在着骨骼状莱氏体共晶网以及不均匀的碳化物（图 5-3），造成强度及韧性下降，并且这种缺陷不能用热处理矫正，只能采用反复锻打的方法将其打碎，使其尽可能均匀分布。

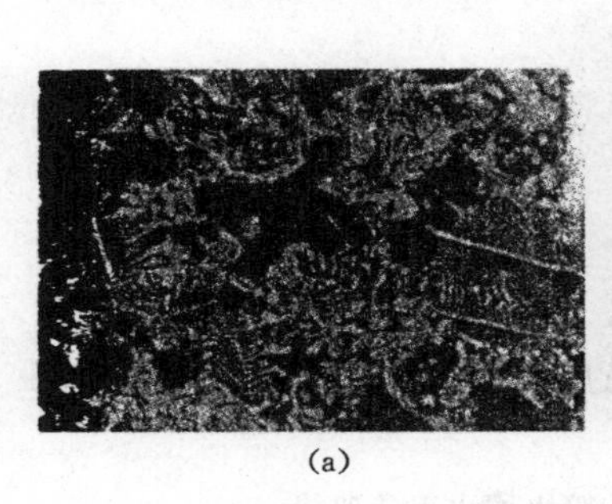
(a)

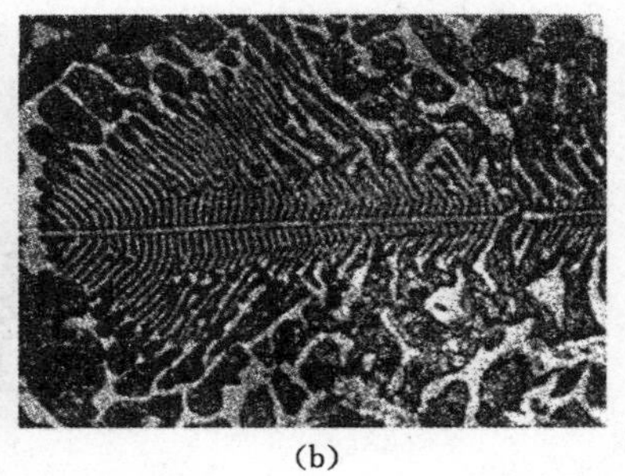
(b)

图 5-3　高速钢（W18Cr4V 钢）的铸态组织

(a) 片状；(b) 鱼骨状

高速钢锻造后应进行球化退火，以消除坯料在锻造时的残余内应力，并降低硬度、细化晶粒，改善切削加工性能，并为最后淬火作组织准备。退火后的组织为索氏体及粒状碳化物，如图 5-4 所示。

高速钢的最终热处理是淬火和回火。淬火的特点是加热温度高（1 200～1 300 ℃），目的是使碳化物尽可能多地溶入奥氏体，从而提高淬透性、红硬性及回火稳定性。由于高速钢导热性差，为防止热应力，一般应先预热 1～2 次。淬火加热通常以熔盐为介质，并进行充分脱氧，以免工件在加热时造成氧化和脱碳。淬火方法常用油淬或分级淬火。淬火后组织为马氏体、粒状碳化物及较多残余奥氏体（30%左右）。高速钢淬火后应立即在 550～570 ℃进行 2～4 次回火，回火温度高是因为马氏体中的碳化物形成元素含量高，耐回火性高；多次回

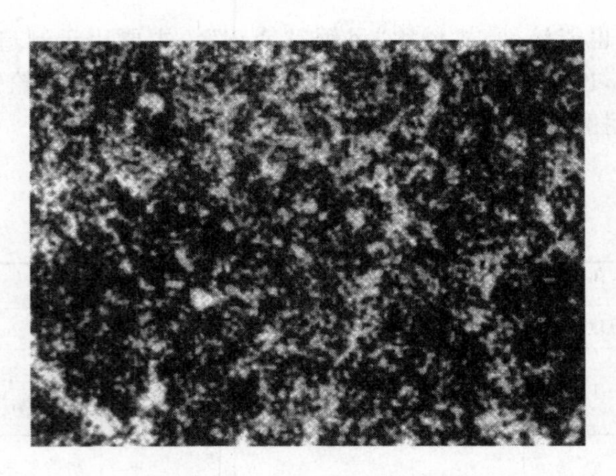

图 5-4　高速钢(W18Cr4V 钢)退火组织

火是为了尽量多地消除残余奥氏体。回火后的组织为回火马氏体、粒状碳化物及少量残余奥氏体(1%～2%)。

图 5-5 所示为 W18Cr4V 钢的淬火回火工艺曲线。

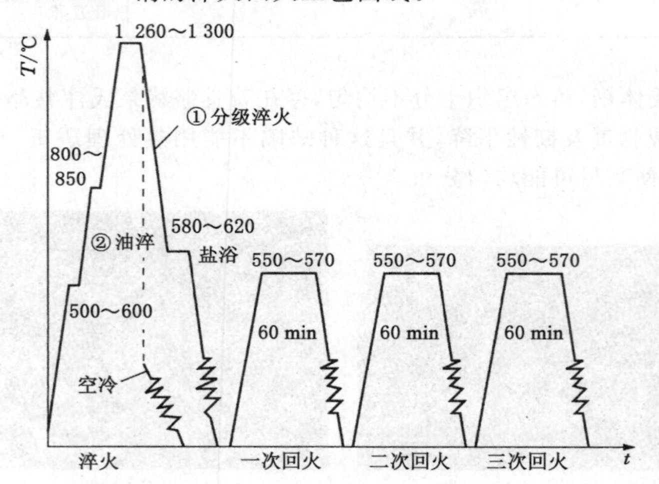

图 5-5　W18Cr4V 钢的淬火回火工艺曲线

高速钢刃具淬火回火后,还可进一步施以表面处理,如蒸汽处理、软氮化、离子氮化等,以提高其表面硬度、耐磨性、热硬性与抗蚀性。

(三) 高铬冷作模具钢(Cr12 型钢,属于莱氏体钢)

高铬冷作模具钢主要指 Cr12、Cr12MoV 钢,钢的含碳量为 1.45%～2.3%,主加 Cr 是为了提高钢的淬透性、耐磨性,辅加 Mo 和 V 能进一步提高淬透性、耐磨性等。Cr12 型钢属莱氏体钢,其坯料也需经反复锻打,锻后应进行球化退火,以消除锻造残余内应力,改善切削加工性能,为随后的淬火作组织准备。最后热处理一般为淬火、低温回火,获得回火马氏体、未溶碳化物及少量残余奥氏体组织,具有高的硬度和耐磨性,淬火变形很小,用于制造尺寸大、重载或形状复杂、要求精度高、变形小的冷作模具如冷冲模、冷挤压模、拉丝模和冷镦模等。

(四) 热作模具钢

热作模具钢是用于制造在高温下成形的模具,如热锻模、热挤压模和压铸模等。热作模具在高温下工作,承受很大的冲击力。要求模具具有高的热强性、热硬性、耐磨性与抗氧化性,良好的抗冷热疲劳性,以及较好的淬透性、导热性等。热作模具钢的含碳量为0.3%~0.6%,属于中碳钢,以保证适当的强度、硬度和韧性;加入合金元素 Cr、Ni、Mn、Si、Mo 等,目的是为了强化铁素体、细化晶粒、提高淬透性、提高回火稳定性、防止回火脆性等。经淬火、中温(或高温)回火后使用,硬度为 40HRC~47HRC。

常用热作模具钢的牌号有 5CrMnMo、5CrNiMo、3Cr2W8V 等。

(五) 量具钢

量具是机械加工过程中控制加工精度的测量工具,如游标卡尺、千分尺、块规、塞规、样板等,在使用过程中经常与被加工工件接触,受到磨损和碰撞。因此要求量具工作部分应有高硬度(58~64 HRC)和耐磨性、高的尺寸稳定性以及足够的韧性。

常用量具名称、材料及其热处理方法见表 5-10。

表 5-10　　常用量具名称、材料及其热处理方法

量具名称	材料	热处理方法
样板与卡板	15、20	渗碳、淬火、低温回火
	50、55	高频表面淬火、低温回火
一般量规、块规和卡尺	T10A、T12A	淬火、低温回火
高精度量规、块规	CrMn、CrWMn、GCr15	淬火、冷处理、低温回火

七、特殊性能钢

具有某些特殊物理、化学及力学性能的钢称为特殊性能钢。工程上常用的特殊性能钢有不锈钢、耐热钢、耐磨钢等。

(一) 不锈钢

不锈钢是指在大气或其他介质中不易锈蚀的钢。在不锈钢中加入大量合金元素(Cr、Ni 等),产生下列作用,使钢具有高的抗蚀能力:

(1) 提高钢中基体组织的电极电位,以减缓微电池的电化学腐蚀过程;

(2) 使钢获得单相组织,从而不能形成引起电化学腐蚀的微电池;

(3) 使钢的表面形成一层致密而稳定的氧化膜,以防止内部金属进一步被腐蚀。

不锈钢中,含碳量越高,强度、硬度和耐磨性越高,但耐蚀性越低,因此大多数不锈钢的含碳量都较低,有的甚至低于 0.03%。

常用的不锈钢分为铬不锈钢和铬镍不锈钢两大类。牌号表示方法为:一位数字+合金元素符号+数字。一位数字表示平均含碳量千分数,最后的数字表示合金元素含量的百分数。当钢中含碳量≤0.08%或≤0.03%时,在牌号前冠以“0”或“00”。

1. 铬不锈钢

常用的铬不锈钢有 Cr13 型(马氏体不锈钢)、Cr17 型(铁素体不锈钢)。

Cr13 型不锈钢(常用 1Cr13),一般用来制造既能承受载荷又需要耐蚀性的各种阀、机泵等零件以及一些不锈刀具；Cr17型不锈钢（常用1Cr17），抗大气与耐酸能力强，具有良好的高温抗氧化性，但力学性能不如Cr13型不锈钢，主要用于制造受力不大的耐蚀零件，如制作化工设备的容器和管道等。

2. 铬镍不锈钢

铬镍不锈钢（奥氏体不锈钢），含碳量很低，平均含Cr为18%、含Ni为8%，习惯上称为18-8型不锈钢。Ni可使钢在室温下呈单相奥氏体组织，Cr、Ni使钢具有很高的耐蚀性和耐热性，较高的塑性和韧性，因而具有比铬不锈钢更高的化学稳定性，有更好的耐蚀性，且无磁性，是目前应用最广的一类不锈钢。常用牌号有0Cr18Ni9、1Cr18Ni9、1Cr18Ni9Ti等，广泛用于制造食品加工设备、热处理设备、化工设备、抗磁仪表、飞机构件等。

（二）耐热钢

在高温下具有高的抗氧化性和较高强度的钢称为耐热钢，可分为抗氧化钢与热强钢两类。

1. 抗氧化钢

抗氧化钢是指在高温下有较高的抗氧化性，并具有一定强度的钢。这类钢的成分特点是在钢中加入Cr、Si、Al等合金元素，优先氧化形成一层致密氧化膜，以避免进一步氧化。主要用于长期在高温下工作，但强度要求不高的零件，如各种加热炉的炉底板和渗碳箱等。常用的钢种有4Cr9Si2、1Cr13SiAl、3Cr18Ni25Si2等。

2. 热强钢

热强钢是指在高温下具有良好的抗氧化能力，并具有较高高温强度的钢。为了提高钢的高温强度，在钢中加入高熔点的W、Mo、Nb、Ti、V等，常用的热强钢有15CrMo、1Cr13、4Cr14Ni14W2Mo、1Cr18Ni9Ti等。

（三）耐磨钢

耐磨钢是指在强烈冲击载荷作用下才能发生硬化的高锰钢（ZGMn13型钢）。其平均含碳量为1.0%～1.3%，含锰量为11%～14%。高锰钢经“水韧处理”，即加热到1 000～1 100 ℃淬火后，可获得单相奥氏体组织，硬度并不高（180HBS～220HBS），塑性、韧性好。但当受到剧烈的冲击和摩擦时，表面发生塑性变形，从而产生强烈的加工硬化，硬度、耐磨性大大提高（>50HRC）。芯部仍然硬度低、韧性好。表面磨损后，新露出的表面继续产生加工硬化，获得新的耐磨层，因此这种钢只有在受到强烈冲击和剧烈摩擦条件下，才有高的耐磨性；在一般摩擦磨损情况下，不产生强烈的加工硬化，并不耐磨。

由于高锰耐磨钢具有很大的加工硬化能力，故压力加工和切削加工很困难，一般都铸造成零件，经水韧处理和磨削加工后使用。主要用来制造坦克、拖拉机履带、碎石机齿板、挖掘机铲齿、铁路道岔、防弹钢板等。

任务实施

（1）钢中常存元素硅、锰是有益元素，可提高钢的强度、硬度；硫、磷是有害元素，都增加钢的脆性，硫使钢产生热脆，磷使钢产生冷脆。

（2）冶炼时在碳钢的基础上加入一种或多种合金元素所得的钢，称为合金钢。合金元素在钢中的主要作用有：提高钢的强度和硬度、细化晶粒、提高钢的淬透性和回火稳定性、获得某些特殊性能等。

(3) 工业用钢按照主要用途可分为结构钢、工具钢和特殊性能钢。

(4) 结构钢按其热处理特点和性能特点可分为:工程构件用钢(包括碳素结构钢、低合金结构钢)和机械制造用钢(包括冲压钢、渗碳钢、调质钢、弹簧钢、滚动轴承钢以及铸钢等)。

(5) 工具钢按其用途可分为刃具钢(包括碳素工具钢、低合金刃具钢和高速钢)、模具钢(包括冷作模具钢和热作模具钢)、量具钢(无专用钢种,碳素工具钢、合金工具钢和滚动轴承钢均可用于制造量具)。

(6) 特殊性能钢是指具有特殊物理、化学性能的钢,常用的有不锈钢、耐热钢和耐磨钢。

思考与练习

(1) 合金钢与碳钢相比,具有哪些特点?

(2) 钢中常存杂质元素有哪些?它们对钢的性能有何影响?

(3) 什么是合金元素?合金元素在钢中与铁、碳的主要作用是什么?

(4) 说明下列零件的淬火及回火温度,并说明回火后获得的组织和硬度:

① 45 钢小轴(要求综合力学性能较好);

② 60 钢弹簧;

③ T12 钢锉刀。

(5) 用 T10 钢制造形状简单的车刀和用 45 钢制造较重要的螺栓,工艺路线均为:锻造→热处理→机加工→热处理→精加工。对两种工件:

① 说明预备热处理的工艺方法及其作用;

② 制定最终热处理工艺规范(加热温度、冷却介质),并指出最终热处理后的显微组织及大致硬度。

(6) 有低碳钢齿轮和中碳钢齿轮各一只,为了使齿表面具有高的硬度和耐磨性,问各应采取怎样的热处理?并比较热处理后它们在组织与性能上的差别。

(7) 下列材料选择或热处理要求是否正确?为什么?

① 某零件要求 52HRC～56HRC,选用 15、20 钢制造后经淬火来达到;

② 工具钢(如 T10、T12A)制成的刃具,要求淬硬到 67HRC～70HRC。

(8) 一件工具,图纸规定用 T10A 钢制造并淬硬到 60HRC～64HRC,但实际上把材料错用成 45 钢,按 T10A 钢淬火后硬度怎样?能否按 45 钢的工艺,重新淬火来达到图纸要求的硬度?为什么?

(9) 下列零件均选用锻造毛坯,试为其选择热处理方法,并写出简明的加工路线。

① 机床变速箱齿轮,模数 $m=4$,要求齿面耐磨,芯部的强度和韧性要求不高,选用 45 钢;

② 机床主轴,要求良好的综合力学性能,轴颈部分要求硬度 50HRC～55HRC,选用 45 钢;

③ 重载荷工作的镗床镗杆,精度要求很高,并在滑动轴承中运转,镗杆表面应有高硬度,芯部应具有较好的综合力学性能,选用 38CrMoAl 钢。

(10) 某厂生产磨床,齿轮箱中的齿轮采用 45 钢制造,要求齿部表面硬度为 52HRC～58HRC,芯部硬度为 217HBS～255HBS,其工艺路线为:下料→锻造→热处理→机加工→热处理→机加工→成品。试问：

① 其中热处理各应选择何种工艺？目的是什么？

② 如改用 20Cr 钢代替 45 钢，所选用的热处理工艺应做哪些改变？

(11) 一般钳工用锯条(T10A)烧红后置于空气中冷却，即可变软进行加工，而锯料机用废的锯条(W18Cr4V)烧红(900 ℃左右)后空冷却仍然相当硬？为什么？

(12) 材料库中存有：T12、60Si2Mn、9SiCr、GCr15SiMn、20CrMnTi、40Cr 和 W18Cr4V 等钢种，现要制作弹簧、齿轮、锉刀、滚珠、轴、车刀、冷作模具。请选材并制定热处理工艺。

(13) 现有 ϕ35×200 mm 的两根轴。一根为 20 钢，经 920 ℃渗碳后直接淬火(水冷)及 180 ℃回火，表面硬度为 58HRC～62HRC；另一根为 20CrMnTi 钢，经 920 ℃渗碳后直接淬火(油冷)，−80 ℃冷处理及 180 ℃回火后表层硬度为 60HRC～64HRC。问这两根轴的表层和芯部的组织(包括晶粒粗细)与性能(综合力学性能和耐磨性)有何区别？为什么？

(14) 试从表 5-11 所列的几个方面，总结对比几类结构钢的主要特点。

表 5-11 几类结构钢的主要特点

钢的种类	一般含碳量	常用牌号举例	常用最终热处理方法	主要性能及用途
渗碳钢				
调质钢				
弹簧钢				
滚动轴承钢				

(15) Cr13 钢和 1Cr12 钢中的含铬量均大于 11.7%，为什么 1Cr13 属于不锈钢而 Cr12 钢却不能作不锈钢？

(16) ZGMn13-1 钢为什么具有优良的耐磨性和良好的韧性？

任务二 工业铸铁

【知识要点】 铸铁的石墨化及其影响因素；常用铸铁及其强化；合金铸铁简介。

【技能目标】 了解铸铁石墨化及其影响因素；掌握灰口铸铁、球墨铸铁、可锻铸铁和蠕墨铸铁的牌号、性能及主要用途；根据零件的使用性能要求，合理选用铸铁材料。

任务导入

含碳量大于 2.11%(一般为 2.5%～4.0%)并含有较多杂质元素的铁碳合金称为铸铁。铸铁的生产简便、成本低，并具有许多钢所不及的优良性能(如铸造性能、减振性能、减摩性能、切削加工性能及缺口敏感性能等)，经合金化后还可获得良好的耐热性和耐蚀性等，在机械制造、冶金、矿山、交通运输等部门得到广泛应用。在各类机械中，铸铁件约占机器总重量的 40%～90%。常见的机床床身、工作台、箱体、座体等形状复杂或承受压力及摩擦作用的零件，大多采用铸铁制成。

任务分析

由 Fe-Fe_3C 相图可知，在含碳量大于 2.11% 的白口铸铁组织中，Fe_3C 已成为主要存在相，因此白口铸铁硬而脆，难以切削加工，很少直接制作机械零件，主要用于炼钢原料以及作为可锻铸铁件的毛坯、不需切削加工的耐磨零件（如轧辊、犁铧、球磨机的磨球）等。为了使铸铁具有优良的性能，成为优良的结构材料，必须改变铸铁中碳的存在形式与形态，以降低脆性。

相关知识

一、铸铁的石墨化及其影响因素

（一）铸铁的石墨化

铸铁中碳以石墨(G)形式析出的过程称为石墨化。

石墨的含碳量为 100%，具有简单六方晶格，如图 5-6 所示。原子呈层状排列，同一层原子间距较小，结合力较强；而层与层的间距较大，结合力较弱，使石墨形态易成片状。石墨的强度、硬度、塑性和韧性都很低，接近于零；此外，石墨的比容大，具有油脂感。

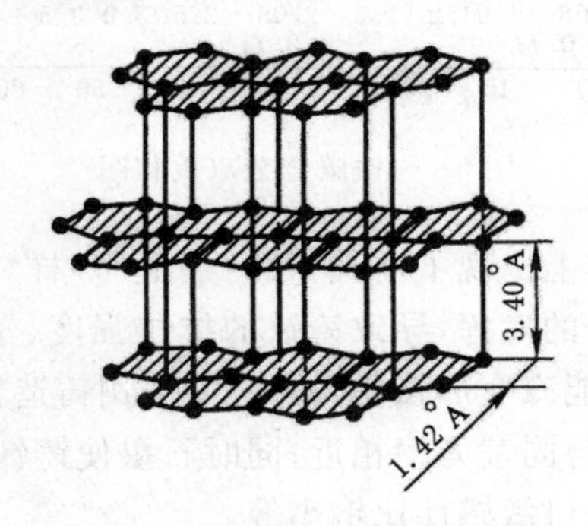

图 5-6 石墨的晶体结构

熔融状态的铁水在冷却过程中，由于碳、硅含量和冷却条件的不同，既可从液相或奥氏体中直接析出渗碳体，也可直接析出石墨。有时之所以自液相或奥氏体中直接析出渗碳体而不是石墨，主要是因为渗碳体的成分、晶体结构更接近液相、奥氏体，析出渗碳体时所需的原子扩散量较小，渗碳体晶核形成较容易。若将铸铁中已形成的渗碳体加热至高温，又可分解为铁素体与石墨（即 $Fe_3C \rightarrow 3Fe + G$），说明石墨是稳定相，而渗碳体则是亚稳定相。Fe-Fe_3C 相图说明了亚稳定相渗碳体析出的规律，而要说明稳定相石墨析出的规律，则必须应用 Fe-G 相图。为便于比较和应用，习惯上把这两个相图叠加在一起，称为铁碳合金双重相图，如图 5-7 所示。图中实线表示 Fe-Fe_3C 相图，虚线表示 Fe-G 相图。

由图可知，虚线均位于实线的上方或左上方，说明石墨在奥氏体和铁素体中的溶解度比渗碳体小；同一成分的铁碳合金，石墨的析出温度比渗碳体要高些。

在铸铁的冷凝过程中，根据石墨化程度进行的完全与否，可得到 F＋G、F＋P＋G 和 P＋G 三种不同组织。即石墨化后的铸铁组织相当于在钢的基体（F、F＋P 和 P）上分布许多石墨，从而消除了硬脆 Fe_3C 的有害影响。

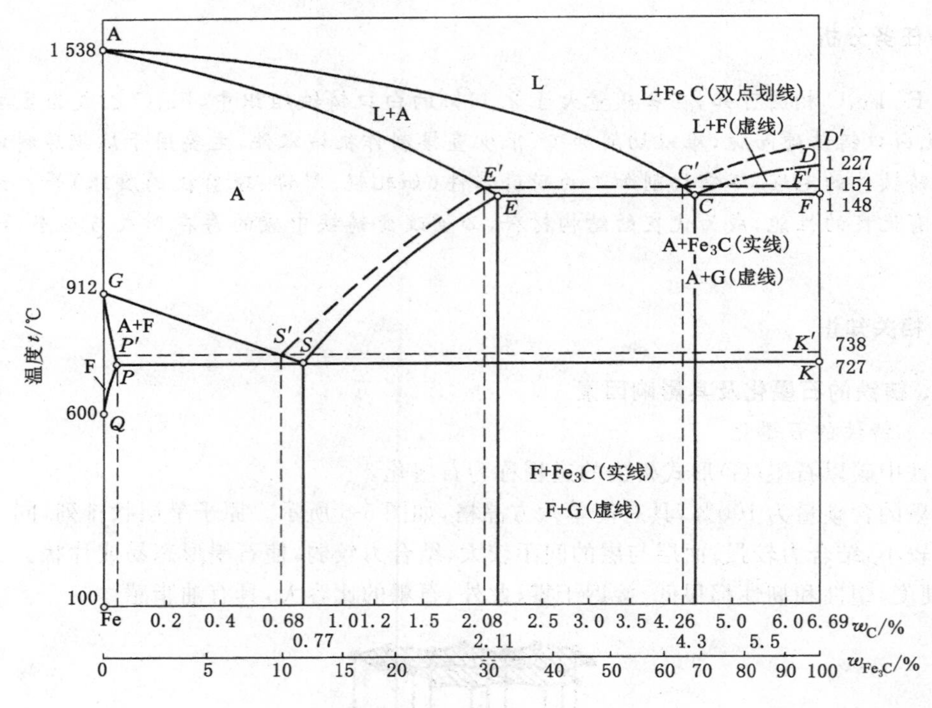

图 5-7　铁碳合金双重相图

石墨的存在相当于钢基体上出现了“孔洞”和“裂缝”一样，割裂、破坏了基体的连续性，使钢基体的性能不能得到充分的发挥，导致铸铁的抗拉强度、塑性与韧性比钢显著降低，使铸铁都不能进行压力加工（不能冷变形强化），而只能采用铸造方法成形；但石墨对抗压性能影响不大，即铸铁的抗压强度与同基体钢相近；同时石墨使铸铁的铸造性能、减振性能、减摩性能、切削加工性能优于钢，缺口敏感性比钢小等。

（二）影响石墨化的因素

影响铸铁石墨化的主要因素是化学成分与冷却速度。

1. 化学成分的影响

C、Si、Mn、S、P 对石墨化都有不同影响。其中，C、Si 是强烈促进石墨化的元素；S 是强烈阻碍石墨化的元素，还会降低铸铁的流动性和力学性能；Mn 是阻碍石墨化的元素，但能与 S 形成 MnS，减弱 S 的有害作用，而成为间接促进石墨化的元素；P 是微弱促进石墨化的元素，但会增加脆性。

2. 冷却速度的影响

一定成分的铸铁，其石墨化程度取决于冷却速度。冷却速度越慢，越有利于石墨化进行；冷却速度越快，越容易形成白口组织。铸铁的冷却速度主要取决于浇注温度、铸件壁厚和铸型材料。如图 5-8 所示，铸件壁越薄，碳、硅含量越低，越容易形成白口组织。因此，调整碳、硅含量及冷却速度是控制铸铁组织和性能的重要措施。

二、常用铸铁及其强化

在生产中，采用不同的处理方法可形成大小与形态不同的石墨，如粗片状、细片状（铁水变质处理）、蠕虫状（铁水蠕化处理）、团絮状（由白口铸铁经高温石墨化退火）和球状（铁水球

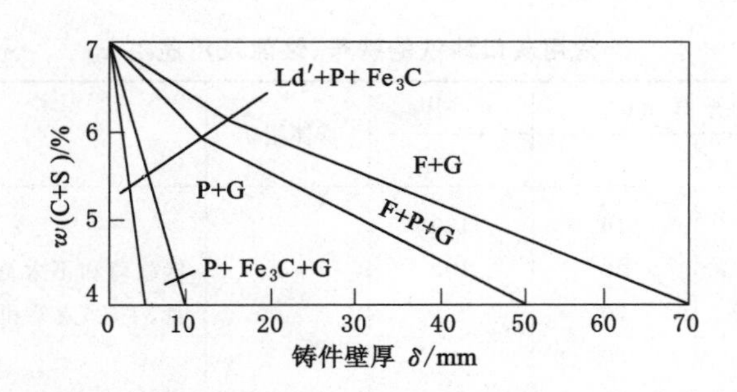

图 5-8 铸铁成分和冷却速度(铸件壁厚)对铸铁组织的影响

化处理)等;根据铸铁中石墨形态的不同,可分为灰口铸铁(片状石墨)、球墨铸铁(球状石墨)、可锻铸铁(团絮状石墨)和蠕墨铸铁(蠕虫状石墨)。石墨大小与形态对铸铁性能影响很大,当石墨由片状(长厚比大,端部较尖)→蠕虫状(长厚比小,端部较钝)→团絮状→球状,应力集中减小,在相同体积下因表面积变小,对基体的割裂作用减轻,基体性能利用率提高,铸铁的抗拉强度、塑性及韧性全面提高。此外,铸铁的强化还可通过改变基体组织(如改变石墨化程度或进行强化热处理)、提高基体性能的途径来实现。

(一) 灰口铸铁(简称灰口铁或灰铁)

灰口铸铁的显微组织如图 5-9 所示。因石墨呈片状,对基体的割裂作用大,抗拉强度、塑性、韧性低,基体强度利用率仅为 30%~50%,热处理强化效果不明显,所以灰口铸铁一般只进行去应力退火(人工时效)、消除白口的软化退火及表面淬火。为了提高承载能力,可对铁水作变质处理(孕育处理)获得变质铸铁(细片状石墨)。

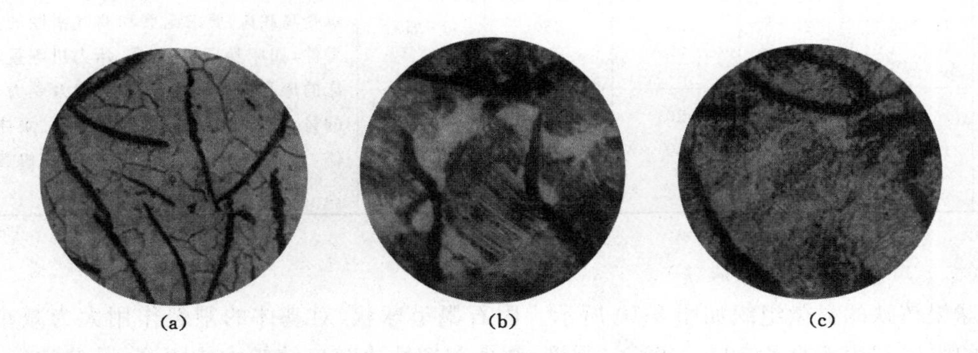

图 5-9 灰口铸铁的显微组织

(a) 铁素体基;(b) 铁素体—珠光体基体;(c) 珠光体基体

石墨的存在使灰口铸铁具有优良的铸造性能、减振性能、减摩性能、切削加工性能,减小了缺口敏感性。灰口铸铁主要用于制造各种承受压力、振动、摩擦,要求有良好的减振性、减摩性和耐磨性,受冲击小,形状复杂(特别是具有复杂内腔)的薄壁零件,如底座、机床床身、缸体、缸盖、泵体、箱体、阀体、活塞、凸轮等。

灰口铸铁的牌号用"HT+数字"表示,HT 表示灰铁,后面的数字表示最低抗拉强度。如 HT200 表示 $\sigma_b \geqslant 200$ MPa 的灰口铸铁。常用灰口铸铁的牌号、性能及用途如表 5-12 所列。

表 5-12　　常用灰口铸铁的牌号、性能及用途

类别	牌号	铸件壁厚/mm		σ_b/MPa	基体组织	用途
		>	≤	≥		
普通灰口铸铁	HT100	2.5 10 20 30	10 20 30 50	130 100 90 80	F	低载荷和不太重要的零件，如盖、外罩、油盘、手轮、支架和底座等
	HT150	2.5 10 20 30	10 20 30 50	175 145 130 120	F+P	承受中等应力的零件，如底座、床身、齿轮箱、工作台、阀体、管道附件及一般工作条件要求的零件
	HT200	2.5 10 20 30	10 20 30 50	220 195 170 160	P	承受较大应力和较重要零件，如汽缸体、齿轮、机座、床身、活塞、齿轮箱、油缸等
	HT250	4 10 20 30	10 20 30 50	270 240 220 200	P(细)	
变质铸铁	HT300	10 20 30	20 30 50	290 250 230	P(细)	承受高载荷、要求耐磨和高气密性的重要零件，如床身导轨，剪床、压力机等重型机床的床身、机座、主轴箱、卡盘及受力较大的衬套、齿轮、凸轮等，高压油缸、泵体、阀体，大型发动机的曲轴、气缸体、气缸盖等
	HT350	10 20 30	20 30 50	340 290 260	P(细)	

（二）球墨铸铁（简称球铁）

球墨铸铁的显微组织如图 5-10 所示。因石墨呈球状，对基体的割裂作用大为减小，使基体的强度利用率高达 70%～90%，强度、塑性和韧性比灰口铸铁大为提高，某些性能可与钢相媲美（如疲劳强度与中碳钢相近），甚至高于钢（屈强比高达 0.7～0.8，几乎是钢的两倍）。由于热处理强化效果显著，还可像钢一样通过热处理（如退火、正火、调质、等温淬火、表面淬火、软氮化等）进一步提高力学性能。可代替铸钢、某些锻钢和有色金属，制造在静载荷与冲击不大的条件下工作的零件，如发动机曲轴、连杆、机床蜗轮、蜗杆、凸轮轴等，实现“以铁代钢”、“以铸代锻”，降低成本，提高生产率。但球铁的减振性低于灰口铸铁，铸造收缩率较大易产生白口现象，故不宜制造薄壁零件。

球铁的牌号用“QT＋数字-数字”表示，QT 表示球铁，后面的两组数字分别表示最低抗拉强度与最低延伸率。如 QT600-3 表示 $\sigma_b \geq 600$ MPa、$\delta \geq 3\%$ 的球铁。常用球铁的牌号、性能及用途见表 5-13。

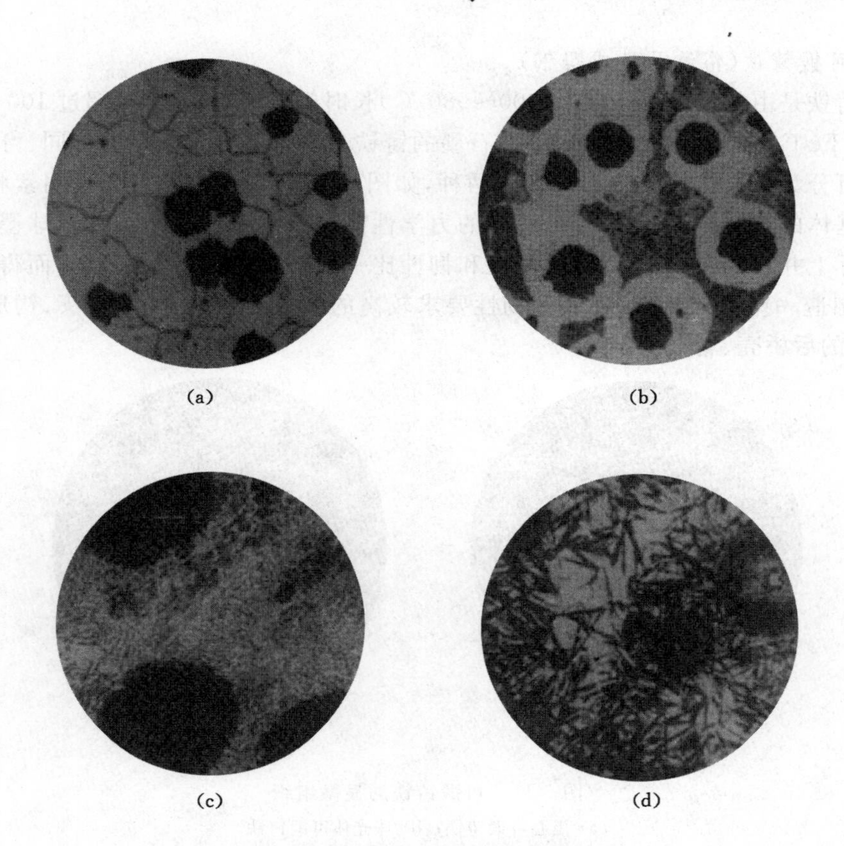

图 5-10 球墨铸铁的显微组织

(a) 铁素体基体；(b) 铁素体-珠光体基体；(c) 珠光体基体(d) 下贝氏体基体

表 5-13 常用球铁的牌号、性能及用途

牌号	基体组织	力学性能(≥)			硬度(HBS)	用途
		$\sigma_{0.2}$/MPa	σ_b/MPa	δ/%		
QT400-18 QT400-15 QT450-10	F F F	250 250 310	400 400 400	18 15 10	130～180 130～180 160～210	汽车的牵引框、轮毂、离合器及减速器的壳体；高压阀门的阀体、阀盖、支架等
QT500-7	F+P	320	500	7	170～230	内燃机的机油泵齿轮、铁路车辆轴瓦、飞轮等
QT600-3 QT700-2 QT800-2	P P P 或 S′	370 420 480	600 700 800	3 2 2	190～270 225～305 245～335	内燃机曲轴、连杆、凸轮轴、气缸套；空压机及气压机泵的曲轴、缸体、缸套；球磨机齿轮、桥式起重机大小车滚轮等
QT900-2	$B_下$ 或 M′	600	900	2	280～360	汽车传动齿轮、柴油机凸轮轴、农机具上的犁铧等

（三）可锻铸铁（俗称马铁或玛钢）

可锻铸铁是由白口铸铁经高温（900～980 ℃）长时间（几十小时甚至超过 100 h）的石墨化退火，使 Fe_3C 分解析出团絮状（巢状）石墨的铸铁。根据热处理条件的不同，可锻铸铁的基体组织可分为铁素体（黑心）和珠光体两种，如图 5-11 所示。由于石墨呈团絮状，减轻了石墨对钢基体的割裂作用，所以可锻铸铁的力学性能高于灰口铸铁而接近于球墨铸铁。可锻铸铁实际上并不可锻，只是因为其塑性和韧性比一般铸铁（灰口铸铁）较好而得名。可锻铸铁适于制造一些形状复杂、强度和韧性要求较高的薄截面零件，如管接头、钩形扳手，汽车、拖拉机的后桥壳、轮壳等。

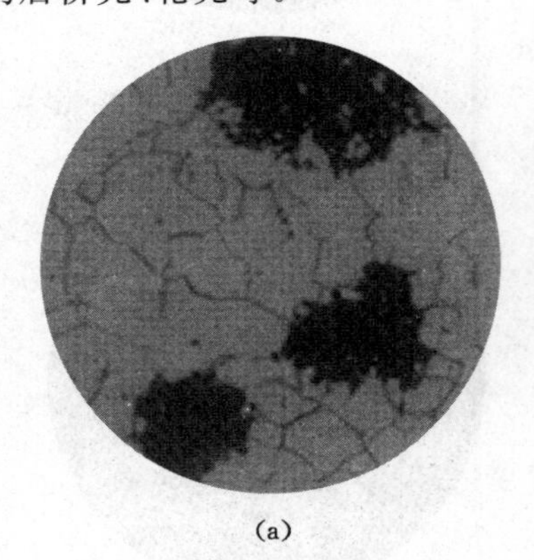
(a)

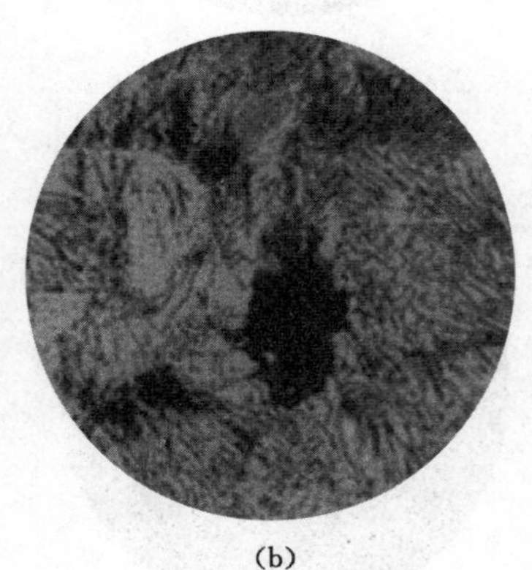
(b)

图 5-11　可锻铸铁的显微组织
(a) 黑心可锻铸铁；(b) 珠光体可锻铸铁

可锻铸铁的牌号用"KTH（或 Z）＋数字-数字"表示，KT 表示可铁，H 表示黑心（铁素体基体）可锻铸铁，Z 表示珠光体可锻铸铁，后面的两组数字分别表示最低抗拉强度与最低延伸率。如 KTH300-06 表示 $\sigma_b \geqslant 300$ MPa、$\delta \geqslant 6\%$ 的黑心可锻铸铁。常用可锻铸铁的牌号、性能及用途见表 5-14。

表 5-14　常用可锻铸铁的牌号、性能及用途

牌号	基体组织	力学性能(≥)			硬度(HBS)	用途
		$\sigma_{0.2}$/MPa	σ_b/MPa	δ/%		
KTH300-06	F	—	300	6	≤150	管道弯头、三通、管件；各种扳手；犁刀、犁柱；建筑用的桥梁零件、脚手架零件；汽车、拖拉机的前后轮壳、差速器壳、制动器支架等
KTH330-08		—	330	8		
KTH350-10		200	350	10		
KTH370-12		—	370	12		
KTZ450-06	P	270	450	6	150～200	曲轴、连杆、齿轮、凸轮轴、摇臂、活塞环、轴套、犁刀、棘轮、扳手、传动链条、矿车轮等
KTZ550-04		340	550	4	180～230	
KTZ650-02		420	650	2	210～260	
KTZ700-02		530	700	2	240～290	

由于可锻铸铁对原材料成分要求较严格，需要大量废钢，而且生产周期长，工艺复杂，成

本较高，某些可锻铸铁已被球墨铸铁所代替。

（四）蠕墨铸铁

蠕墨铸铁是20世纪70年代发展起来的新型铸铁，根据成分、蠕化率及热处理的不同，可获得F、F+P、P三种基体组织，铁素体蠕墨铸铁的显微组织如图5-12所示。因蠕虫状石墨是介于片状和球状之间的一种中间形态的石墨，所以蠕墨铸铁的力学性能也介于同基体的灰口铸铁和球墨铸铁之间。具有一定的韧性，较高的耐磨性，同时又兼有灰口铸铁所具有的铸造性能、减振性能、切削加工性能，突出的优点是导热性和耐热疲劳性好。蠕墨铸铁主要用于承受循环载荷、要求组织致密、强度较高、形状复杂的零件，如气缸盖、气缸套、钢锭模、液压阀、电动机外壳、机座等。

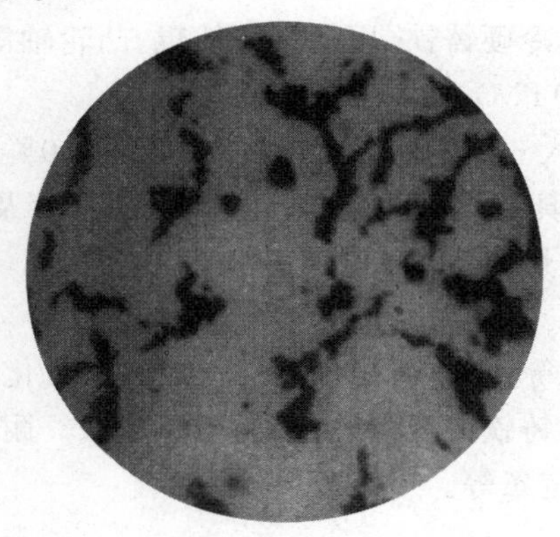

图5-12 铁素体蠕墨铸铁的显微组织

蠕墨铸铁的牌号由"RuT+数字"组成，RuT表示蠕铁，后面的数字表示最低抗拉强度。如RuT420表示$\sigma_b \geqslant 420$ MPa的蠕墨铸铁。常用蠕墨铸铁的牌号、性能及用途如表5-15所列。

表5-14 常用蠕墨铸铁的牌号、性能及用途

牌号	基体组织	力学性能(≥)			硬度(HBS)	用途
		$\sigma_{0.2}$/MPa	σ_b/MPa	δ/%		
RuT260	F	195	260	3.00	121～197	承受冲击载荷及热疲劳的零件，如底盘零件、增压器废气进气壳体等
RuT300	F+P	240	300	1.50	140～217	排气管、变速箱体、气缸盖、液压件、纺织机零件、钢锭模等
RuT340	P+F	270	340	1.00	170～249	重型机床零件、大型齿轮、箱体、箱盖、机座、飞轮、起重机卷筒等
RuT380	P	300	380	0.75	193～274	活塞环、气缸套、制动盘、钢球研磨盘、吸淤泵体等
RuT420	P	335	420	0.75	200～280	

三、合金铸铁简介

在普通铸铁的基础上加入一定量的合金元素，可获得某些特殊的性能，称为合金铸铁或特殊性能铸铁，主要包括耐磨铸铁、耐热铸铁和耐蚀铸铁。

(一) 耐磨铸铁

1. 耐磨灰铸铁(HTM)

增加灰口铸铁中的含磷量,并加入少量Cr、Mo、W、V、Cu等,可提高铸铁的耐磨性,成为耐磨灰铸铁,用于制造机床导轨、汽车发动机汽缸体、活塞环等要求耐磨的零件。

2. 抗磨白口铸铁(BTM)

白口铸铁,特别是加入Cr、V、Ti等元素的合金白口铸铁,具有高的硬度(>60HRC)、高的耐磨性,用于制造犁铧、球磨机磨球、衬板、叶片等要求有很高耐磨性的零件。

3. 冷硬灰铸铁(HTL)

在灰口铸铁表层通过激冷处理形成一层白口,可使其表层获得高的硬度和高的耐磨性,而心部仍具有一定韧性,形成冷硬铸铁,用于制造轧辊、凸轮轴等零件。

4. 中锰抗磨球墨铸铁(QTM)

在稀土镁球墨铸铁中加入5%~9.5%的锰、3.3%~5.0%的硅,铸态组织为$M+A'+$碳化物$+G$(球状),这种铸铁具有较高的耐磨性和较好的强度及韧性,可代替高锰钢或锻钢制造承受冲击的抗磨零件,如煤粉机锤头、耙片等。

(二) 耐热铸铁(TR)

在铸铁中加入Al、Si、Cr等元素,使铸件表层形成致密氧化膜,并获得单相铁素体基体,石墨为球状或蠕虫状,可提高铸铁的耐热性,成为耐热铸铁。耐热铸铁用于制造炉底、坩埚、换热器和热处理炉内的运输链条等。

(三) 耐蚀铸铁(TS)

在铸铁中加入Si、Cr、Al、Mo、Cu等元素,形成氧化膜,并使基体成为单相铁素体组织,避免形成微电池,可提高铸铁的耐蚀性,称为耐蚀铸铁。耐蚀铸铁用于制造在腐蚀介质中工作的零件,如化工设备的管道、阀门、泵体、反应釜等。

任务实施

(1) 铸铁中碳以石墨形式析出的过程称为石墨化,其影响因素主要是铸铁的化学成分和冷却速度。

(2) 石墨的存在可使铸铁具有良好的铸造性能、减摩性能、减震性能、切削加工性能和较低的缺口敏感性能。

(3) 灰口铸铁的变质处理是在浇注前往铁水中加入少量变质剂(如硅铁、硅钙合金),使铁水内产生大量均匀分布的人工晶核,使石墨片及基体组织得到细化,以提高强度。

(4) 球墨铸铁的力学性能接近于钢,同时保留了灰口铸铁良好的铸造性能、减摩性能、减震性能、切削加工性能和较低的缺口敏感性能等优点,常用来制造形状复杂而且受力较大,要求综合力学性能较高的零件。球墨铸铁可通过热处理(其方法与钢相似)进一步提高其力学性能。

(5) 可锻铸铁常用来制造形状复杂、承受冲击的薄壁、中小型零件。

(6) 蠕墨铸铁主要用于承受循环载荷且要求组织致密、强度较高、形状复杂的零件。

(7) 目前常用的合金铸铁有:耐磨铸铁、耐热铸铁和耐蚀铸铁。

思考与练习

(1) 何谓铸铁？铸铁与钢相比有何优点？

(2) 何谓铸铁的石墨化？石墨化的影响因素有哪些？

(3) 为什么铸造生产中，化学成分具有三低(C、Si、Mn 的含量低)一高(S 含量高)特点的铸铁易形成白口？又为什么在同一灰口铸铁件中，往往表层和薄壁部位易产生白口组织？用什么方法可以消除？

(4) 为什么一般机器的支架、机床床身常用灰口铸铁制造？

(5) 为什么相同基体的球墨铸铁的力学性能比灰口铸铁高得多？

(6) 球墨铸铁是如何获得的？为什么球墨铸铁热处理效果比灰铸铁要显著？

(7) 铸铁抗拉强度的高低主要取决于什么？硬度的高低主要取决于什么？用哪些方法可提高铸铁的抗拉强度和硬度？铸铁的抗拉强度高，其硬度是否也一定高？为什么？

(8) 为什么可锻铸铁适宜制造壁厚较薄的零件？而球墨铸铁却不适宜制造壁厚较薄的零件？

(9) 下列牌号表示何种铸铁？说明牌号中字母、数字的含义？

HT150、HT350、KTH300-06、KTZ550-04、QT600-3、RuT300。

(10) 下列说法是否正确？为什么？

① 通过热处理可将片状石墨变成球状，从而改善铸铁的力学性能；

② 可锻铸铁因具有较好的塑性，故可进行锻造；

③ 白口铸铁由于硬度很高，故可用来制造各种刀具；

④ 灰口铸铁中碳、硅含量越高，铸铁的抗拉强度和硬度越低。

任务三　常用有色金属材料

【知识要点】 铝及铝合金；铜及铜合金；滑动轴承合金。

【技能目标】 根据零件的工作环境、性能要求，合理选用铝合金、铜合金及钛合金材料；根据轴承的使用要求，合理选择其所用材料。

任务导入

除钢铁材料(黑色金属)外的其他金属与合金，统称为有色金属材料或非铁金属材料。

有色金属材料冶炼难度大，成本高，其产量和使用量虽然不如钢铁材料多，但却具有许多与钢铁材料不同的性能，成为现代工业、国防、科研领域中不可缺少的工程材料。

任务分析

Cu、Al、Ag 等金属及其合金，导电性能和导热性能优良，是电器工业和仪表工业不可缺少的材料；Al、Ti、Mg 等金属及其合金，具有密度小、比强度(σ_b/ρ)高的特点，在航天航空工业、汽车制造等方面应用十分广泛。

本任务只介绍在机械制造和电子工业中常用的铝及铝合金、铜及铜合金和滑动轴承合金材料。

相关知识

一、铝及铝合金

（一）工业纯铝

铝在自然界中储量很丰富，约占全部金属元素的三分之一。

工业纯铝（98%～99.7%）呈银白色，熔点为 657 ℃，密度小（2.7 g/cm^3，仅为铁的三分之一），具有面心立方晶格，无同素异构转变，无铁磁性；塑性、韧性好，可通过压力加工制成各种丝、线、箔、片、棒、管等；导电、导热性良好（仅次于 Ag、Cu 和 Au）；抗大气腐蚀能力好。但强度很低（$\sigma_b \approx 80 \sim 100$ MPa），经冷变形后可提高至 150～250 MPa，不宜直接作为结构材料和制造机械零件，主要用作配制铝合金及代替贵重的铜制作导线、电缆、电容器和散热器等。

在纯铝中加入合金元素（如 Cu、Zn、Si、Mn）制成铝合金，再经热处理、形变强化、细晶强化等，强度可达 400～700 MPa，比强度很高。适宜制作要求重量轻、比强度高、运动时惯性小的零件，如轻型发动机连杆、活塞等；受力不大但要求耐震、耐大气腐蚀的轻型件，如轻型动力机械曲轴箱、仪表壳体及容器等。

（二）铝合金的分类

二元铝合金一般形成如图 5-13 所示的相图。由图可知，成分在 D 点以左的铝合金，在加热时均能形成单相 α 固溶体，这类合金的塑性好，适于压力加工，故称为变形铝合金。变形铝合金中成分在 F 点以左的铝合金，其 α 固溶体的溶解度不随温度的变化而改变，所以不能进行热处理强化，称为不能热处理强化的铝合金；成分在 F 点～D 点的铝合金，α 固溶体的溶解度随温度的变化而改变，可以进行热处理强化，称为能热处理强化的铝合金。成分在 D 点以右的铝合金，由于结晶时有共晶组织存在，塑性差，但这类合金的结晶温度低、结晶间隔短，充型时流动性好，适于铸造，故称为铸造铝合金。

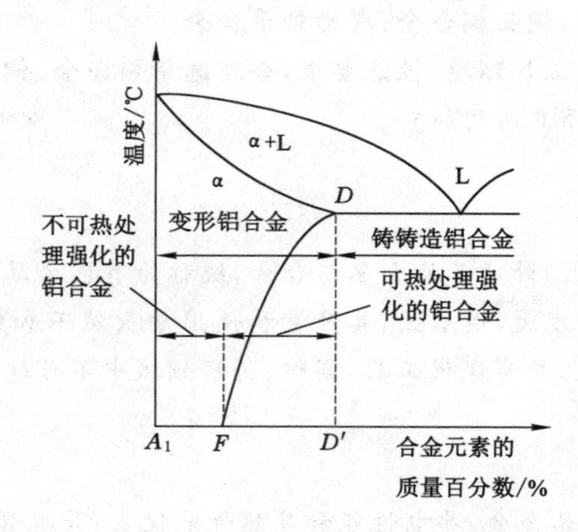

图 5-13 二元铝合金相图

（三）常用铝合金

1. 变形铝合金

变形铝合金按性能特点和用途分为防锈铝合金、硬铝合金、超硬铝合金和锻铝合金四类。除防锈铝合金不可热处理强化外，其余三类均可热处理强化。

根据 GB/T 16474—2011 规定，变形铝合金牌号采用国际四位数字体系或四位字符体系方式表示。牌号的第一位数字表示铝及铝合金的组别，见表 5-16。第二位数字或字母表示纯铝或铝合金的改型情况，字母 A 表示原始纯铝，数字 0 表示原始合金，B～Y 或 1～9 表示原始合金改型情况。牌号最后两位数字用以区别同一组中不同的铝合金，纯铝则表示最低铝含量，与最低铝含量中小数点后的两位数字相同。

表 5-16　　铝及铝合金的组别与牌号系列

组别	牌号系列
纯铝（铝含量不小于 99.00%）	1×××
以铜为主要合金元素的铝合金	2×××
以锰为主要合金元素的铝合金	3×××
以硅为主要合金元素的铝合金	4×××
以镁为主要合金元素的铝合金	5×××
以镁和硅为主要合金元素并以 Mg_2Si 为强化相的铝合金	6×××
以锌为主要合金元素的铝合金	7×××
以其他合金为主要合金元素的铝合金	8×××
备用合金组	9×××

常用变形铝合金的牌号、性能与用途见表 5-17。

表 5-17　　常用变形铝合金的牌号、性能与用途

类别	牌号	旧牌号	热处理	力学性能			用途
				σ_b/MPa	δ/%	HBS	
防锈铝合金	5A05	LF5	M	280	20	70	焊接油箱、油管、铆钉等
	3A21	LF21	M	130	20	30	焊接油箱、油管、铆钉等轻载零件及制品
硬铝合金	2A11	LY11	CZ	420	18	100	中等强度零件，如骨架、螺旋桨叶片、铆钉等
	2A12	LY12	CZ	470	17	105	高强度构件及 150 ℃以下工作的零件，如梁、铆钉等
超硬铝合金	7A04	LC4	CZ	600	12	150	主要受力构件，如飞机大梁、起落架、加强框等
	7A09	LC9	CS	680	7	190	
锻铝合金	2A50	LD5	CS	420	13	105	形状复杂和中等强度的锻件及模锻件
	2A14	LD10	CS	480	10	135	承受高载荷的锻件及模锻件

注：① 变形铝合金的旧牌号用“类别代号＋顺序数字”表示；

② M——退火；CZ——淬火、自然时效；CS——淬火、人工时效。

2. 铸造铝合金

铸造铝合金主要用于铸造重量轻的机械零件，如电子设备中的一些壳体、支架，某些发动机的气缸、活塞、增压器的壳体与曲轴箱等。铸造铝合金的牌号由“ZAl＋主加合金元素符号＋数字”组成，ZAl 表示铸造铝合金，数字表示合金元素含量的百分数。如 ZAlSi7Mg 表示含硅为 7％、含镁小于 1.5％的铸造铝合金。常用铸造铝合金的牌号、性能与用途见表 5-18。

表 5-18　常用铸造铝合金的牌号、性能与用途

牌号（代号）	铸造方法	热处理	力学性能(≥)			用途
			σ_b/MPa	δ/％	HBS	
ZAlSi7Mg (ZL101)	J	T5	210	2	60	形状复杂的零件，如飞机仪表零件、抽水机壳体和柴油机零件等
	S	T5	200	2	60	
ZAlSi12 (ZL102)	J	T2	160	2	50	形状复杂的零件，如仪表、抽水机壳体，工作温度低于 200 ℃、要求气密性、承受低载荷的零件
	SB、JB		150	4	50	
	SB、JB		140	4	50	
ZAlSi5Cu1Mg (ZL105)	J	T5	240	0.5	70	形状复杂、225 ℃以下工作的零件，如风冷发动机的气缸头、机匣、油泵壳体等
	S	T5	200	1.0	70	
	S	T6	230	0.5	70	
ZAlSi12Cu2Mg1 (ZL108)	J	T1	200		85	要求高温强度及低膨胀系数的高速内燃机活塞及其他耐热零件
	J	T6	260		90	
ZAlCu5Mn (ZL201)	S	T4	300	8	70	在 300 ℃以下工作的零件，如内燃机气缸头、活塞等
	S	T5	340	4	90	
ZAlCu10 (ZL202)	S、J	T6	110		50	形状简单、要求表面光洁的中等承载零件
	S、J		170		100	
ZAlMg10 (ZL301)	S	T4	280	9	60	工作温度低于 150 ℃、在大气或海水中工作、承受冲击载荷的零件，如船舶配件等
ZAlZn11Si7 (ZL401)	J	T1	250	1.5	90	工作温度低于 200℃、形状复杂的汽车、飞机零件
	S	T1	200	2	80	

注：J——金属型；S——砂型；B——变质处理；T1——人工时效；T2——290 ℃退火；T4——淬火、自然时效；T5——淬火、不完全时效；T6——淬火、人工时效(180 ℃)。

（四）铝合金的热处理

将铝合金加热形成单相 α 固溶体后，快速淬入水中冷却，以抑制第二相(硬脆相)的析出，在室温下得到过饱和 α 固溶体，这种淬火工艺称为固溶处理。过饱和 α 固溶体是不稳定的组织，在室温放置一段时间或低温加热时，第二相(强化相)从过饱和 α 固溶体中缓慢析出，使铝合金的强度和硬度明显提高。这种固溶处理后的铝合金随时间延长而发生硬化的现象，称为时效或时效强化。在室温下发生的时效称为自然时效，而在加热条件下进行的时效则称为人工时效。固溶处理与时效是铝合金强化的主要途径。

图 5-14 所示为 $w_{Cu}=4\%$ 的铝合金固溶处理后在不同温度下的时效曲线。

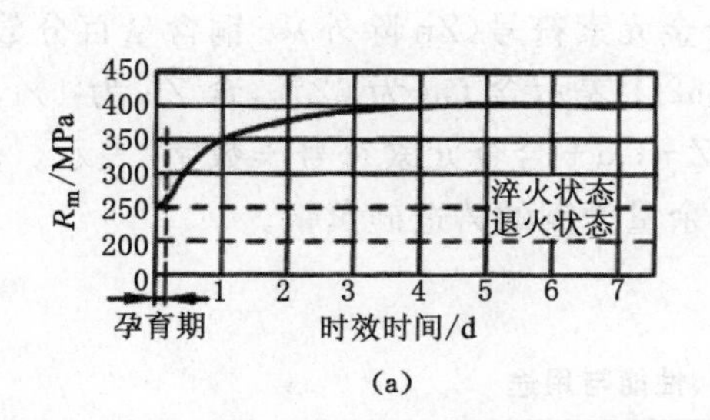

(a)

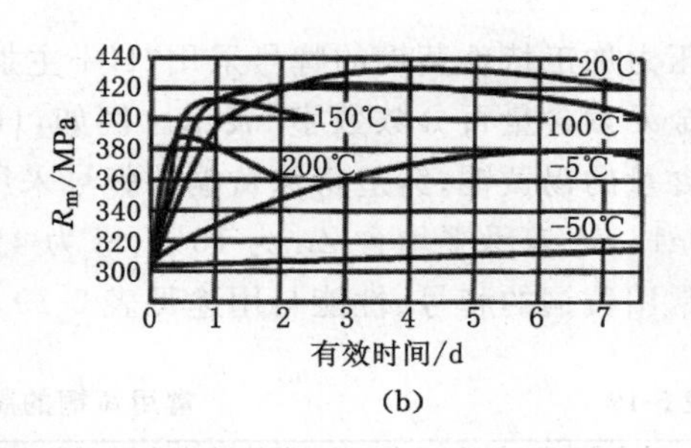

(b)

图 5-14 $w_{Cu}=4\%$的铝合金在不同温度下的时效曲线

(a) 自然时效；(b) 人工时效

二、铜及铜合金

(一) 工业纯铜

纯铜因其表面呈紫红色俗称紫铜，在自然界中储量较小，价格较贵，属于节约使用的材料之一。其熔点 1 083 ℃，密度 8.9 g/cm^3，具有良好的导电、导热性能(仅次于 Ag)，在大气和非氧化性酸液中具有很好的抗蚀性；具有面心立方晶格，无同素异构转变和磁性；有优良的塑性，但强度不高($\sigma_b \approx 200\sim240$ MPa)，经冷变形后可提高至 400～500 MPa，但塑性降低。故紫铜常用来制作导线、铜管、配制铜合金和制造抗磁干扰的仪器与仪表零件。

在纯铜中加入合金元素(如 Zn、Ni、Sn、Pb、Al 等)可制成铜合金，按化学成分不同可分为黄铜、白铜和青铜；按生产方式不同则分为压力加工铜合金和铸造铜合金。铜合金的强化途径主要是冷变形强化，除少数铜合金(如铍青铜)外，一般不可热处理强化。铜合金的抗拉强度通常不超过 700 MPa，硬度也很低，一般低于 100～150 HBS，主要用于要求有耐蚀、导电、导热、减摩、抗磁等性能的场合。

(二) 黄铜

黄铜是以锌为主加元素的铜合金，按其化学成分不同分为普通黄铜与特殊黄铜；按其生产方式不同分为压力加工黄铜与铸造黄铜。

1. 普通黄铜

普通黄铜是指 Cu-Zn 二元合金，加入锌可提高合金的强度($w_{Zn}\leqslant45\%$时)、硬度和塑性($w_{Zn}<32\%$时)，还可改善铸造性能。

压力加工普通黄铜牌号采用“H＋数字”表示，“H”为“黄”的汉语拼音字首，数字表示铜含量百分数。例如，H68 表示平均含 Cu 为 68%、余量为锌的普通黄铜；铸造普通黄铜的牌号采用“Z＋Cu＋合金元素符号(Zn)＋数字”表示，“Z”为“铸”的汉语拼音字首，合金元素符号后面的数字表示其平均含量百分数。例如，ZCuZn38 表示平均含 Zn 为 38%、余量为铜的铸造普通黄铜。

2. 特殊黄铜

特殊黄铜是在普通黄铜的基础上加入 Si、Sn、Al、Pb、Mn 等合金元素所形成的铜合金，相应称为硅黄铜、锡黄铜、铝黄铜、铅黄铜、锰黄铜等。合金元素的加入均可提高黄铜的强度，Sn、Al、Mn、Si 还可提高耐蚀性并减少黄铜应力腐蚀破裂的倾向，Pb 可改善切削加工性能，Si 可改善铸造性能。

压力加工特殊黄铜的牌号采用“H＋主加合金元素符号(Zn 除外)＋铜含量百分数数字及合金元素含量百分数数字”表示。例如，HSn62-1 表示含 Cu 为 62%，含 Zn 为 1%，其余为锌含量的锡黄铜；铸造特殊黄铜的牌号采用“Z＋Cu＋合金元素符号＋数字”表示。例如，ZCuZn16Si4 表示平均含 Zn 为 16%，Si 为 4%，余量为铜的铸造硅黄铜。

常用黄铜的牌号、性能与用途见表 5-19。

表 5-19　　　　常用黄铜的牌号、性能与用途

类别		牌号	状态	力学性能			用途
				σ_b/MPa	δ/%	HBS	
普通黄铜		H68	软	320	55		三七黄铜，塑性、韧性良好，有弹壳黄铜之称。适宜冷冲压，制造形状复杂的管、套类零件
			硬	660	3	150	
		H62	软	330	49	56	六四黄铜，强度较高，价格较低。适宜制作螺栓、螺母、垫圈、弹簧机轴套等
			硬	600	3	164	
		ZCuZn38	S	295	30	60	散热器、法兰、阀座、支架、手柄、螺母等
			J	295	30	70	
特殊黄铜	锡黄铜	HSn62-1	软	400	40	50	耐蚀性好，有海军黄铜之称。适宜制作与海水、汽油接触的船舶零件
			硬	700	4	95	
	铅黄铜	HPb59-1	软	400	45	44	切削加工性能良好，有易削黄铜之称。适宜制作热冲压件及切削加工零件，如销、螺钉、螺母、轴套等
			硬	650	16	80	
	铝黄铜	HAl59-3-2	软	380	50	75	船舶、电机及其他在常温下工作的高强度、耐蚀零件
			硬	650	15	155	
		ZCuZn31Al2	S	295	12	80	海运机械、通用机械的耐蚀零件
			J	390	15	90	
	硅黄铜	ZCuZn16Si4	S	345	15	90	接触海水工作的管配件、水泵、叶轮、旋塞等
			J	390	20	100	
	锰黄铜	ZCuZn40Mn2	S	345	20	80	海轮制造业中用于制作阀体、泵、管接头等
			J	390	25	90	

注：软——600 ℃退火状态；硬——50%冷变形量；S——砂型铸造；J——金属型铸造。

(三) 青铜

除黄铜、白铜(Cu-Ni 合金)外，其余的铜合金统称为青铜。按主加元素不同分为锡青铜和无锡青铜两类；按生产方式不同分为压力加工青铜和铸造青铜两类。

压力加工青铜的牌号用“Q＋主加元素符号及其含量百分数数字＋其他元素含量百分数数字”组成。如 QSn4-3 表示平均含锡量为 4%、其他元素含量为 3%的锡青铜；铸造青铜的牌号采用“Z＋Cu＋合金元素符号＋数字”表示。如 ZCuSn10Pb1 表示平均含锡量为 10%、含铅量为 1%、余量为铜的铸造锡青铜。

1. 锡青铜(w_{Sn}＝3%～14%)

以锡为主要合金元素的铜合金称为锡青铜，是人类历史上应用最早的合金。

锡青铜具有良好的减摩性，无磁性，无冷脆现象，在大气、海水、淡水以及蒸汽中的耐蚀性比黄铜好，但在盐酸、硫酸和氨水中的耐蚀性较差。在锡青铜中加入少量Pb，可提高耐磨性和切削加工性能；加入P可提高弹性极限、疲劳强度及耐磨性；加入Zn可改善流动性能。

压力加工锡青铜适于制造仪表上要求耐蚀、耐磨的零件及弹性零件、滑动轴承、轴套及抗磁零件等。铸造锡青铜适于制造形状复杂、尺寸精确但致密性要求不高的耐蚀、耐磨件，如机床中的轴瓦、轴套、蜗轮、齿轮以及蒸汽管、水管附件、艺术雕像等。

2. 无锡青铜

除锡青铜外的青铜称为无锡青铜。大多数无锡青铜都比锡青铜具有更高的力学性能、耐磨性与耐蚀性，常用无锡青铜有铝青铜（应用最广）、铅青铜、铍青铜（性能最优）、硅青铜等。

(1) 铝青铜（$w_{Al}=5\%\sim10\%$）

铝青铜是以铝为主加元素的铜合金，其耐蚀性、耐磨性高于锡青铜和黄铜，并有较高的耐热性、强度、硬度和韧性，铸造流动性好，偏析小，易获得致密铸件，但收缩率大，而且铝易氧化形成氧化铝夹杂，使铸件质量降低。

压力加工铝青铜（低铝青铜）用于制造仪器中要求耐蚀的弹性元件及高强度零件；铸造铝青铜用于制造要求较高强度和耐磨性的摩擦零件，如齿轮、蜗轮、轴套等。

(2) 铍青铜（$w_{Be}=1.6\%\sim2.5\%$）

铍青铜是以铍为主加元素的铜合金，经固溶处理与时效后具有高的强度、硬度、弹性极限和疲劳强度，良好的耐磨性、耐蚀性、导电性和导热性，并且抗磁、耐寒、受冲击时不产生火花，主要用于制造精密仪器、仪表的重要弹簧和其他弹性元件，钟表齿轮、高速高压工作的滑动轴承、衬套等耐磨零件，以及电焊机电极、防爆工具、航海罗盘等重要机件。

铍青铜价格昂贵、工艺复杂、生产时有毒，应节约使用。

常用青铜的牌号、性能与用途见表5-20。

表5-20　　常用青铜的牌号、性能与用途

类别	牌号	状态	力学性能			用途
			σ_b/MPa	δ/%	HBS	
锡青铜	QSn4-3	软	350	40	60	弹簧、管配件、化工机械中耐磨零件
		硬	550	4	160	
	QSn6.5-0.1	软	350～450	60～70	70～90	弹簧、接触片、振动片、精密仪器中的耐磨零件
		硬	700～800	7.5～12	160～260	
	ZCuSn10Pb1	S	220	3	80	重要减磨零件，如轴承轴套、蜗轮、摩擦轮、机床丝杠螺母等
		J	310	2	90	
	ZCuSn5Pb5Zn5	S	200	13	60	轴承轴套、蜗轮、活塞、离合器、泵件压盖等
		J	200	13	60	
铝青铜	ZCuAl10Fe3	S	490	13	100	压下螺母、轴承、蜗轮、齿圈等耐磨零件，在蒸汽、海水中工作的高强度耐蚀件
		J	540	15	110	

续表 5-20

类别	牌号	状态	力学性能			用途
			σ_b/MPa	δ/%	HBS	
铍青铜	QBe2	软	500	35	100	重要的弹簧与弹性元件，耐磨零件及在高速、高压和高温下工作的轴承
		硬	850	3	250	
		淬火时效	1250	2～4	330	

（四）白铜

白铜是指含镍量低于50%的铜镍合金。Cu-Ni二元合金称为普通白铜或简单白铜，其牌号采用“B（“白”字汉语拼音字首）＋数字（镍含量百分数）”表示，如B19表示含镍量为19%的普通白铜。在Cu-Ni合金基础上加入其他元素的铜合金，称为特殊白铜或复杂白铜，其牌号采用“B＋合金元素符号（Ni除外）＋镍含量百分数数字及合金元素含量百分数数字”表示，如BMn3-12表示平均含镍量为3%、含锰量为12%的锰白铜。

白铜按照性能特点和用途分为结构（耐蚀）用白铜（包括普通白铜、锌白铜、铝白铜）和电工用白铜（主要是锰白铜）。

常用白铜的牌号、性能与用途见表5-21。

表 5-21　常用白铜的牌号、性能与用途

类别		牌号	状态	力学性能		用途
				σ_b/MPa	δ/%	
结构用白铜	普通白铜	B19	软	300	2.5	在蒸汽、海水中工作的精密仪器、仪表和耐蚀零件
			硬	400	3	
		B30	软	380	23	
			硬	550	3	
	锌白铜	BZn15～20（德银）	软	350	35	仪器、精密机械零件、变阻器、线绕电阻、医疗用机械及弹簧
			硬	550	1.5	
			特硬	650	1	
	铝白铜	BAl6-1.5	硬	550	3	有高的力学性能、耐蚀性、耐寒性及弹性，可制作高强度零件及弹簧
锰白铜		BMn3-12（锰铜）	软	350	25	精密电阻
		BMn40-1.5（康铜）	软	400		精密电阻及低于500 ℃的热电偶、变阻器和电热器
			硬	650		
		BMn43-0.5（考铜）	软	400	35	精密电阻、热电偶及补偿导线
			硬	650	4	

三、滑动轴承合金

在滑动轴承中，制造轴瓦及其内衬的合金，称为轴承合金。滑动轴承是用来支承轴进行工作的，当轴高速旋转时，轴瓦表面承受交变载荷，有时还伴有冲击，并发生强烈的摩擦与磨损。为了避免轴颈受到磨损并使轴承具有一定的使用寿命，轴承合金应具有良好的减摩性，足够的强度、硬度、塑性和韧性，一定的导热性与耐蚀性。因此，滑动轴承一般采用有色合金铸造而成，并应使其组织软硬兼备。如在软的基体上分布硬的质点（一般为化合物）或在较硬的基体（硬度低于轴颈）上分布软的质点。

如图 5-15 所示，轴在旋转时，软的基体被磨损构成储油窝，可保持良好的润滑条件；硬的质点相应突出，起支承载荷的作用。软基体组织具有较好的磨合性与抗冲击、抗震动的能力，但难以承受高的载荷。

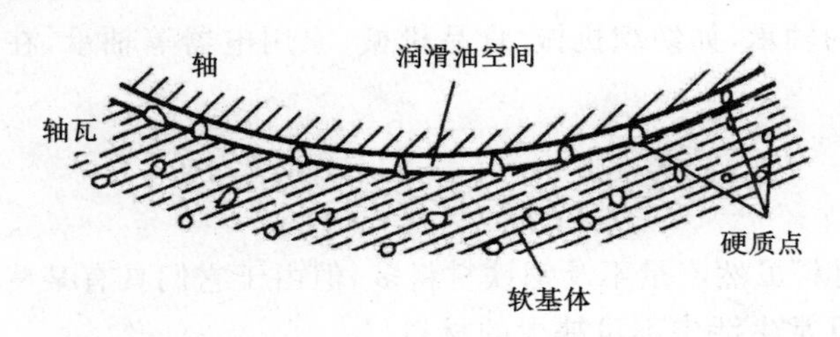

图 5-15 轴承合金理想组织示意图

（一）巴氏合金（锡基与铅基轴承合金）

巴氏合金均为软基体上分布硬质点。其牌号采用“Z＋基体元素符号＋主加元素符号及百分含量＋辅加元素符号及百分含量”表示。其中，“Z”为“铸”字汉语拼音字首。

1. 锡基巴氏合金

锡基巴氏合金是在 Sn-Sb 合金基础上加入少量 Cu 形成的，常用牌号有 ZSnSb11Cu6、ZSnSb8Cu4、ZSnSb4Cu4 等。与其他轴承合金相比，锡基巴氏合金的膨胀系数和摩擦因数都较小，减摩性、导热性、耐蚀性及韧性好，但疲劳强度与工作温度低，且价格昂贵。主要用作汽轮机、发动机、压气机、汽车、拖拉机的高速轴承（工作温度≤150 ℃）。

2. 铅基巴氏合金

铅基巴氏合金是在 Pb-Sb 合金基础上加入少量 Sn、Cu 等元素形成的，常用牌号有 ZPbSb16Sn16Cu2、ZPbSb15Sn5Cu3 等。与锡基巴氏合金相比，铅基巴氏合金的强度、硬度、耐磨性及冲击韧性较低，工作温度≤120 ℃，但价格较便宜。常用作承受中、低载荷或静载荷的中速轴承，如汽车、拖拉机的曲轴、连杆轴承及电动机轴承。

（二）铜基轴承合金

铜基轴承合金主要有锡青铜（如 ZCuSn10Pb1、ZCuSn5Pb5Zn5）与铅青铜（如 ZCuPb30、ZCuPb20Sn5）。

锡青铜是软基体上分布硬质点，具有较高强度，可承受较大载荷，适于制作中速及受较大载荷的轴承，如电动机、泵、机床的轴承。

铅青铜是硬基体上分布软质点，具有高的疲劳强度，又有良好的导热性与低的摩擦因数，工作温度可达 250 ℃。适于制作高速重载下工作的轴承，如航空发动机、高速柴油机等的轴承。

（三）铝基轴承合金

铝基轴承合金密度小，导热性、耐蚀性好，疲劳强度高，价格低，但膨胀系数大，抗咬合性差。常用的铝基轴承合金有高锡铝基轴承合金(如 ZAlSn6Cu1Ni1)和铝锑镁轴承合金两类,都是硬基体上分布软质点。可代替巴氏合金、铜基轴承合金使用,制作高速、重载发动机轴承,在车辆、内燃机车上得到广泛应用。

除巴氏合金、铜基和铝基轴承合金外,还有铁基轴承合金(珠光体灰口铁),硬基体(珠光体)上分布软质点(石墨)。石墨有润滑作用,铸铁承受压力较大,价格低廉,但摩擦因数大,导热性差,只能用于制作低速、不重要的轴承。此外,采用粉末冶金方法(将粉末压制成形并烧结而成)制成的粉末冶金减磨材料,因具有多孔性,将其浸在润滑油中可以吸附大量润滑油,成为含油轴承,在工作时能起到自动润滑作用,可用作中速、轻载、小型轴承,特别是适宜制作不能经常加油的轴承,如纺织机械、食品机械、家用电器等轴承,在车辆、机床中也有广泛的应用。

任务实施

(1) 有色金属材料虽然产量不及钢铁材料多,但由于它们具有某些特殊的性能和优点,已成为现代工业和日常生活中不可缺少的材料。

(2) 铝合金按化学成分和工艺性能可分为:变形铝合金(包括防锈铝、硬铝、超硬铝、锻铝)和铸造铝合金(包括铝硅合金、铝铜合金、铝镁合金、铝锌合金)。变形铝合金塑性好,适于压力加工;铸造铝合金的铸造性能良好,可浇铸成各种形状复杂的铸件。

(3) 机械制造业中常用的铜合金是黄铜和青铜。黄铜的抗蚀性、塑性好,适于制作冷轧板材、冷拉线材及形状复杂的深冲件。铸造用黄铜适于制作机械、电器零件,如散热器、垫圈、螺母等。锡青铜适于制造要求耐蚀及耐磨的零件、弹性零件、抗磁零件以及机器中的轴承、轴套等。铸造锡青铜适于制造耐磨、耐蚀零件;铝青铜适于制造要求耐蚀性好的高强度耐磨零件;铍青铜主要用于精密仪器仪表中各种重要的弹性零件、耐蚀耐磨零件。

(4) 常用的轴承合金按主要成分可分为锡基、铅基、铜基和铝基轴承合金等,应用最广的是锡基和铅基轴承合金(也称巴氏合金)。

思考与练习

(1) 有色金属材料与钢铁材料相比较,具有哪些优良的性能?工业上常用的有色金属材料有哪些?

(2) 铝合金的热处理与钢有什么不同?何谓固溶处理、自然时效和人工时效?

(3) 试述下列零件进行时效处理的意义与作用:

① 形状复杂的大型铸铁件在 500～600 ℃进行时效处理;

② 铝合金件淬火后于 140 ℃进行时效处理;

③ T10A 钢制造的高精度丝杠于 150 ℃进行时效处理。

(4) 金属材料的减摩性与耐磨性有何区别?它们对金属组织与性能要求有何不同?

(5) 轴承合金必须具备哪些性能?其组织有何特点?常用滑动轴承合金有哪些?

(6) 指出下列牌号的具体名称,并说明字母、数字表示的含义。

ZAlSi7Mg、ZL301、LY11、LC4、H68、HPb59-1、ZCuZn16Si4、ZCuZn38、ZCuSn10Pb1、ZCuAl10Fe3、ZSnSb11Cu6、ZPbSb16Sn16Cu2、QSn4-3。

任务四　粉末冶金材料简介

【知识要点】 粉末冶金工艺；粉末冶金减摩材料；粉末冶金铁基结构材料；硬质合金的牌号、性能及用途。

【技能目标】 了解粉末冶金的工艺过程及特点；了解常用的粉末冶金材料；能根据不同工件的加工要求，正确选择硬质合金材料。

任务导入

工业用钢、铸铁和大多数有色金属材料，一般都是用熔炼法生产的。用金属粉末（或金属粉末与非金属粉末的混合物）作原料，经过压制成形并高温烧结所制成的合金称为粉末合金，这种生产过程称为粉末冶金法或金属陶瓷法。

任务分析

粉末冶金法能生产一般熔炼法无法生产的特殊金属材料，如电接触材料、硬质合金、金刚石与金属组合材料、各种金属陶瓷磁性材料、难熔金属材料和高温金属陶瓷、具有一定孔隙度的多孔材料等。还可制造机械零件，如各种衬套、轴套、齿轮、凸轮、电视机零件、仪表零件以及某些火箭零件和军械零件等，是一种少切削、无切削的加工工艺。

相关知识

一、粉末冶金工艺简介

粉末冶金工艺过程包括制粉、筛分与混合、压制成形、烧结及后处理等几个工序。

（一）制粉

制粉是通过机械法或物理化学法（如还原法、电解法等）将原材料破碎成粉末。

（二）筛分与混合

目的是使粉料中的各组元均匀化并改善粉末的成形性和可塑性。

（三）压制成形

成形的目的是将松散的粉末通过压制或其他方法制成具有一定形状和尺寸的压坯，并使其具有一定的密度和强度。常用的成形方法是模压成形（压制法）。

（四）烧结

将成形后的压坯放入通有保护气氛（煤气、氢等）的高温炉或真空炉中进行烧结，使空隙减少或消除，增大密度，成为“晶体结合体”（粉末冶金制品），从而具有一定的物理性能和力学性能。

（五）后处理

烧结后的制品大部分可直接使用。当要求密度、精度高时，可进行精整。有的需经浸渍，如含油轴承；有的需要进行机加工、热处理和电镀等。

二、粉末冶金减摩材料

（一）含油轴承材料

粉末合金含油轴承分铁基、铜基两大类。国内应用最多的铁基含油轴承为铁＋石墨、铁

＋硫＋石墨;还可以加入铜、铅和二硫化钼等。铜基含油轴承为铜＋铅＋锑＋锌＋石墨。国内几种常用含油轴承的性能见表5-22。

表5-22 国内几种常用含油轴承的性能

性能	铁-石墨含油轴承		青铜-石墨含油轴承
	98.5%(Fe)＋1.5%(G)	98%(Fe)＋2%(G)	100%(6-6-3锡青铜)＋0.75%(G)
密度/(g/cm³)	6.2～6.7	5.8～6.2	5.8～6.8
孔隙度×100(体积)	＞10	＞10	20～22
硬度HBS	60～95	40～90	—

含油轴承具有较高的耐磨性。这种材料压制成轴承后,再浸入润滑油中,因组分中含有石墨,它本身具有一定的孔隙度,在毛细现象作用下可吸附大量润滑油,故称含油轴承或自润滑轴承。工作时由于轴承发热,使金属粉末膨胀、空隙容积缩小,再加上轴旋转时带动轴承间隙中的空气层,降低了摩擦表面的静压强,粉末空隙内外形成压力差,迫使润滑油被抽到工作表面。停止工作时,润滑油又渗入孔隙中。故含油轴承具有自润滑的作用,一般用作中速、轻载荷的轴承,特别适宜不经常加油的轴承,如纺织机械、食品机械、家用电器等。

(二)金属塑料减摩材料

用烧结好的多孔铜合金作骨架,在真空下浸渍聚四氟乙烯乳液,使聚四氟乙烯浸入其孔隙中,便能获得金属与塑料成为一体的金属塑料减摩材料。为了能承受更大的载荷,可在铜合金基体外层烧结上钢套。

聚四氟乙烯具有一定的减摩性,抗蚀性能及较宽的工作温度范围(－26～250 ℃)。铜合金骨架具有较高的强度和较好的导热性。

用金属塑料减摩材料制成的轴承、轴瓦及其他减摩零件,适用于以下工作条件:

(1) 不能用油润滑或不便加油的高速、高载荷的工作条件,如纺织机械、食品机械、印刷机械中的减摩零件。

(2) 灰尘多、有易燃或腐蚀性介质的工作条件,如化工机械、农药机械、工程机械中的减摩零件。

(3) 低温或高温的工作条件,如氧气压缩机上的导向环,用油润滑有爆炸危险,过去单用聚四氟乙烯制造,由于强度低,寿命仅为48 h。而采用金属塑料后,使用寿命已达到5 000 h,比原来提高了100多倍。

三、粉末冶金铁基结构材料

粉末冶金铁基结构零件的材料(烧结钢)一般分为:烧结碳素钢,如铁-石墨系;烧结合金钢,如铁-镍-碳系、铁-锰-碳系、铁-磷-碳系等以及烧结不锈钢;渗透钢,如渗透的铁—铜—碳系。粉末冶金铁基结构零件已应用于各种机械器具上,从汽车、拖拉机到各类机床,从纺织、化工及各类轻工机械到仪器、仪表,从办公用具、家用电器到军械兵器等,使用量最多的是汽车制造业和农机制造业。

用碳素钢粉末烧制的合金,含碳量较低时可制造载荷小零件或渗碳件、焊接件;含碳量较高时淬火后可制造要求有一定强度或耐磨性的零件。用合金钢粉末烧制的合金，主要是铁基材料，为了改善材料的性能还加入少量合金元素，如铜、镍、钼、硼、锰、铬、硅、磷等，可强化基体，提高淬透性，加入铜还可提高耐蚀性。合金钢粉末冶金淬火后 σ_b 可达 500～800 N/mm²，硬度可达 40HRC～45HRC，可制造承受载荷较大的结构件。

常用粉末冶金铁基结构材料的成分、性能及应用如表 5-23 所列。

表 5-23　常用粉末冶金铁基结构材料的成分、性能及应用

种类	成分	性能特点	应用举例
铁-石墨系	$100\%w_{Fe}+0.3\%w_C$	塑性、韧性好，强度差	滑块、底座等
	$100\%w_{Fe}+0.6\%w_C$	强度较高，可热处理	小齿轮、机油泵转子及接头等
	$100\%w_{Fe}+0.9\%w_C$	强度、硬度高，耐磨性好，可热处理	花键套、飞锤等
铁-铜-碳系	$w_{Fe}+(1\%\sim8\%)w_{Cu}+w_C$（烧结铜钢）	强度、硬度高，耐磨性好，抗腐蚀能力强，热处理后处理性能更好	传动齿轮、链轮、中压摆线转子等
	$w_{Fe}+(15\%\sim25\%)w_{Cu}+w_C$（渗铜材料）	塑性、韧性良好，强度较高，耐磨性好	适用于制造耐腐蚀并承受较大冲击载荷的零件
铁-钼-碳系	Fe-Mo-C	强度、硬度高，耐磨性、淬透性、热稳定性均好	适用于制造高强度、耐磨性好或具有热稳定性要求的零件
铁-钼-锰-碳系	Fe-Mo-Mn-C	强度、硬度高，耐磨性、淬透性好	汽车差速齿轮、连杆等

四、硬质合金

硬质合金是将难熔金属碳化物（碳化钨、碳化钛）粉末和粘结剂（主要是钴）混合，压制成形后烧结而成的一种粉末冶金材料。

（一）硬质合金的性能特点

（1）硬度高、耐磨性好、热硬性高。硬质合金在常温下的硬度可达 86HRA～93HRA（相当于大于 68HRC），热硬性可达 900～1 000 ℃。因此，其切削速度比高速钢可提高 4～7 倍，刀具寿命可提高 5～80 倍。可切削 50HRC 的硬材料。

（2）抗压强度高。常温下工作时，无明显的塑性变形，抗压强度可达 6 000 N/mm²，900 ℃时抗弯强度可达 1 000 N/mm² 左右。

（3）耐腐蚀性（抗大气、耐酸、耐碱）和抗氧化性好。

（4）线膨胀系数小，电导率和热导率与铁及铁合金相近。

由于硬质合金的硬度高、脆性大，不能进行机械加工，因此常将其制成一定形状的刀片，镶焊在刀体上使用。

（二）硬质合金的分类

常用硬质合金按成分和性能特点分为三类，其类别、牌号、成分及性能特点见表 5-24。

表 5-24　硬质合金的类别、牌号、成分及性能特点

类别	牌号	主要成分	性能特点
钨钴类	YG	WC Co	抗弯和抗压强度、冲击韧性及弹性模量较高，而线膨胀系数较低。根据WC粒度不同，可分为粗、中细、超细晶粒。适宜加工铸铁
钨钴钛类	YT	WC TiC Co	与YG类相比：抗氧化性好、红硬性好，高速切削时刀具寿命长，但强度较低。适宜加工钢材
通用类	YW	WC TiC NbC 或 TaC Co	与YT类相比：抗氧化性好，抗震性好，刀具寿命长。适宜加工钢材 与YG类相比：加工钢材时耐磨性好，加工铸铁时效率降低不多

1. 钨钴类硬质合金

牌号：YG＋数字。YG为"硬""钴"两字的汉语拼音字首；数字表示钴含量百分数。数字越大，钴含量越高，韧性越好，硬度越低。例如YG8表示含钴为8%、余量为碳化钨的钨钴类硬质合金。

2. 钨钴钛类硬质合金

牌号：YT＋数字。YT为"硬""钛"两字的汉语拼音字首；数字表示碳化钛含量百分数。数字越大，碳化钛含量越高，硬度越高。例如YT30表示含碳化钛30%、余量为碳化钨及钴的钨钴钛类硬质合金。

3. 通用(万能)硬质合金

牌号：YW＋顺序号。YW为"硬""万"两字的汉语拼音字首。例如YW2表示2号通用硬质合金。

(三) 硬质合金的用途

在机械制造中，硬质合金主要用于制造刀具、冷作模具、量具及耐磨零件。

钨钴类硬质合金主要用来加工产生断续切屑的脆性材料，如铸铁、有色金属及合金、胶木及其他非金属材料。钨钛钴类硬质合金主要用来加工韧性材料，如各种钢。通用类硬质合金主要用于切削某些难加工的材料，如不锈钢。

任务实施

(1) 粉末冶金法和金属的熔炼与铸造方法有根本的不同。粉末冶金法是制取具有特殊性能金属材料的方法，也是一种精密的无切削或少切削的加工方法。

(2) 粉末冶金工艺过程包括制粉、筛分与混合、压制成形、烧结及后处理等工序。

(3) 机械制造中常用的粉末冶金材料有粉末冶金减摩材料、粉末冶金铁基结构材料和硬质合金等。

(4) 硬质合金主要用来制作高速切削刃具和切削硬而韧材料的刃具，也可用于制造某些冷作模具、量具及不受冲击、震动的高耐磨零件(如磨床顶尖等)。

思考与练习

（1）何谓粉末冶金法？简述粉末冶金的特点和应用。

（2）硬质合金是用什么方法生产的？硬质合金基本上分为哪两大类？

（3）含油轴承为什么具有较高耐磨性？含油轴承常用在哪些场合？

（4）与高速钢相比，硬质合金的性能有何优缺点？

（5）根据加工材料性能的不同，如何选择硬质合金刀具材料？

（6）简述常用碳素工具钢、低合金刃具钢、高速钢、硬质合金作刃具的性能特点及应用场合。

（7）为什么在砂轮上磨削已淬火的 W18Cr4V、9SiCr、T12A 等钢制工具时，需经常用水冷却，而磨 YT30 等硬质合金制成的刀具，却不能用水急冷？

项目六 常用非金属材料

非金属材料是金属材料以外一切材料的泛称，由有机物和无机物适当组合，并经一定的物理或化学方法处理后获得。机械工程中使用的非金属材料主要有高分子合成材料、陶瓷材料和复合材料。非金属材料由于具有金属材料所没有的某些性能，如绝缘性、高弹性、耐高温、抗腐蚀、质轻等，在现代工业中已逐渐取代某些金属材料，得到越来越广泛的应用。

本项目共分两项基本任务。

任务一 高分子合成材料

【知识要点】 高分子材料的概念；塑料、橡胶的组成、分类、性能与用途。

【技能目标】 了解塑料、橡胶的性能与用途；了解塑料、橡胶材料的生产过程。

任务导入

高分子合成材料是以高分子化合物为基础的一类非金属材料。高分子化合物是指相对分子质量很大(5 000 以上)的化合物，按其来源有天然高分子(如棉花、蚕丝、淀粉、松香、天然橡胶等)和人工合成高分子(如化学纤维、合成橡胶、合成树脂等)之分。工程上应用的高分子材料主要是指人工合成高分子化合物。按其力学性能和使用状态分为塑料、橡胶、合成纤维和胶粘剂等。

任务分析

高分子材料的共同缺点是易老化，就是在氧、热、紫外线、机械力、水蒸气和微生物等作用下逐渐失去弹性，出现龟裂，变硬或发黏软化，变色和失去光泽等。通常通过改变聚合物的结构、加入防老化剂、表面涂层或镀金属的措施来防老化。另外，许多难溶的高分子材料制品报废后不能有效回收，对生态环境造成威胁，如塑料制品的“白色污染”、汽车轮胎的“黑色污染”等。

相关知识

一、工程塑料

塑料是以树脂为主要成分，在一定温度和压力下塑造成一定形状，并在常温下能保持既定形状的高分子材料。

(一) 塑料的组成、分类及性能特点

1. 塑料的组成

(1) 树脂

树脂是具有可塑性的高分子化合物的统称，是由低分子化合物通过聚合或缩聚反应而合成的高分子化合物。树脂在塑料中起黏结作用，其种类、性能、数量决定了塑料的性能。因此，绝大多数塑料是以所用树脂命名的，如聚氯乙烯塑料的树脂就是聚氯乙烯。

（2）添加剂

为了改善塑料的性能而必须加入的物质称为添加剂。常用的添加剂有填料（也称填充剂，用来改进塑料的性能或赋予新的性能）、增塑剂（用来提高塑料的可塑性）、固化剂（也称硬化剂，用来使树脂固化）、稳定剂（也称防老剂，用于增强对光、热、氧等老化作用的抵抗力）、着色剂（使制品具有装饰色彩）、阻燃剂（阻止燃烧或造成自熄）等。

2. 塑料的分类

（1）按树脂的性质分类

根据树脂在加热和冷却时所表现的性质，塑料可分为热塑性塑料和热固性塑料两种。

热塑性塑料主要是由聚合树脂制成的，一般仅加入少量稳定剂和润滑剂等。这类塑料的工艺特点是：加热时软化，可注塑成形，冷却后定型，此过程可反复进行而基本性能不变，可方便地对这类塑料的碎屑进行再加工。

热固性塑料大多以缩聚树脂为基础，加入多种添加剂而成。这类塑料的特点是：初加热时软化，可注塑成形，冷却固化后若再加热将不再软化，不溶于溶剂，也不能再熔融或再成形。

（2）按塑料的应用范围分类

按塑料的使用性分类，可分为通用塑料、工程塑料和特种塑料三类。

通用塑料是指应用范围广、生产量大、价格低廉的塑料品种，如聚乙烯、聚氯乙烯、聚苯乙烯、聚丙烯、酚醛塑料和氨基塑料等，主要用于日常生活用品、包装材料和一般零件。

工程塑料是指具有良好的力学性能、耐热耐寒性能和耐蚀性能等的塑料，如聚甲醛、聚酰胺、聚碳酸酯和 ABS 等，可替代金属材料制作一些机械零件、工程构件等。

特种塑料是指具有特种性能和特种用途的塑料，如医用塑料、耐高温塑料等。

3. 塑料的性能特点

（1）物理性能

质轻，不加任何填料或增强剂的塑料，其密度为 0.85～2.20 g/cm^3，只有钢铁的 1/8～1/4；耐热性能远不如金属、陶瓷等材料，受热容易发生老化、分解、变质；热膨胀系数较大，比钢约大 10 倍，在制造带有金属嵌件或与金属构件紧紧结合在一起的塑料制品时，易造成开裂、脱节或松动；具有良好的电绝缘性，介质损耗小，在电器、电机、无线电和电子工业的应用非常广泛。

（2）化学性能

塑料一般能耐酸、碱、油、水及大气等物质的侵蚀，其中聚四氟乙烯甚至能耐强氧化剂“王水”的侵蚀，广泛用于制造在腐蚀条件下工作的零部件和化工设备。

（3）力学性能

塑料的强度很低，但比强度很高，比一般钢材高 2 倍左右，对于要求减轻自重的机车车辆、船舶、飞机等具有重要的意义；摩擦因数小，减摩、耐磨性好，自润滑性好，适于制造轴承、凸轮、密封圈等。

(二) 常用塑料

常用塑料的名称、代号、性能特点与用途见表6-1。

表6-1 常用塑料的名称、代号、性能特点与用途

类别	名称	代号	性能特点	用途
热塑性塑料	聚乙烯	PE	低压聚乙烯质地坚硬,耐磨、耐蚀,电绝缘性较好,而耐热性差;高压聚乙烯质地柔软,耐冲击、透明,有良好的高频绝缘性	低压聚乙烯用于制造塑料管、塑料板、塑料绳以及承载不高的零件,如齿轮、轴承等;高压聚乙烯用于制造薄膜、软管、塑料瓶等
	聚氯乙烯	PVC	硬质聚氯乙烯密度小,抗拉强度较高,电绝缘性优良,有良好的耐蚀性、耐光和难燃性;软质聚氯乙烯延伸率较大,有良好的电绝缘性	硬质聚氯乙烯用于建筑材料和某些结构件,如瓦楞板、电槽衬垫、电池隔板、输油管、泵的部件等;软质聚氯乙烯常制成薄膜,用于工业包装、农业育秧和日用雨衣、台布等
	聚丙烯	PP	密度小,耐蚀、高频绝缘性好,但低温脆性大,不耐磨,易老化	制作一般机械零件,如齿轮、法兰、风扇叶轮、泵叶轮、接头、把手等,还可制造电视机外壳和电扇、电机罩等
	聚酰胺(尼龙)	PA	耐磨性、自润滑性好,有良好的韧性,摩擦因数小,耐油、耐水、抗霉、抗菌、无毒,成形性好,但耐热性不高,工作温度<100 ℃,导热性差,吸水性高,成形收缩率大	用于制造要求耐磨、耐蚀的某些承载和传动零件,如轴承、齿轮、滑轮、螺钉、螺母及一些小型零件,还可作高压耐油密封圈,喷涂金属表面作防腐耐磨涂层
	聚甲醛	POM	密度大,着色性好,吸水性小,尺寸稳定,强度高,摩擦因数小,耐磨性好,有优良的电绝缘性和化学稳定性,便于成形加工,价格较尼龙便宜	用于制造减摩、耐磨传动零件,如轴承、滚轮、齿轮、电气绝缘件、耐蚀件及化工容器等
	聚砜	PSF	强度高,耐热性、抗蠕变性优良,尺寸稳定性、绝缘性好,但加工成形性不好	可作高强度、耐热、抗蠕变的结构件、耐蚀零件和电气绝缘件等,如精密齿轮、凸轮、真空泵叶片、线圈骨架、仪器仪表零件等
	聚甲基丙烯酸甲酯(有机玻璃)	PMMA	透光性、着色性好,耐紫外线及大气老化,具有耐蚀、绝缘、易切削等性能,但质较脆,表面易擦伤	制作航空、仪器、仪表、汽车和无线电工业中的透明件与装饰件,如飞机座窗、灯罩、显示器屏幕,油标、油杯、窥镜、设备标牌、透明管道等
	苯乙烯-丁二烯-丙烯腈的共聚物	ABS	具有优良的综合性能,较高的耐热性、耐溶性,较高的强度、韧性,尺寸稳定性、成形性好	广泛用于制造齿轮、泵叶轮、轴承、把手、仪表盘、仪表壳、电机外壳、电冰箱外壳和内壁等

续表 6-1

类别	名称	代号	性能特点	用途
热塑性塑料	聚四氟乙烯（塑料王）	F-4	几乎能耐所有化学药物的腐蚀，良好的耐老化性及电绝缘性，优异的耐高、低温性，摩擦因数很小，并有自润滑性，但在加热后黏度大，不能热塑成形，只能用类似粉末冶金的冷压、烧结成形工艺，而且高温时还会分解出对人体有害的气体，价格较高	制作耐蚀件、减摩耐磨件、密封件，如高频电缆、电容线圈架及化工用的反应器、管道等
	聚碳酸酯	PC	透明度高，韧性好，耐冲击、硬度高，抗蠕变、耐热、耐寒，阻燃性、电绝缘性良好，易产生应力开裂	可作中、小负荷的传动零件和受力不大的紧固件，如齿轮、蜗轮、曲轴、螺钉、铆钉等；还可作绝缘件、透明件，如绝缘管套、接插件、电话机壳体、灯罩、防护玻璃等
	氯化聚醚（聚氯醚）	CPT	耐蚀性好，力学性能好，绝缘性、韧性好，加工成形性好，但耐低温性较差	用于减摩耐磨件、精密机械零件、化工设备衬里和涂层等
热固性塑料	聚氨酯塑料	PUR	耐磨性优越，韧性好，承载能力高，耐氧、臭氧、辐射及许多化学药物，易燃	用作密封件、传动带，隔热、隔音及防震材料，电气绝缘件，实心轮胎，汽车零件，电线电缆护套等
	酚醛塑料（电木）	PF	高强度，高硬度，耐热性好，绝缘性、化学稳定性好，耐冲击、耐酸、耐水、耐霉菌，但质较脆，耐光性差，色泽深暗，加工性差，只能模压	制作一般机械零件、水润滑轴承、电绝缘件、耐化学腐蚀的结构件和容器衬里，如仪表壳体、电气绝缘板、绝缘齿轮、整流罩、耐酸泵、刹车片、摩擦盘等
	环氧塑料（万能胶）	EP	比强度高，韧性较好，耐热、耐寒、耐蚀，绝缘性良好，防潮、防霉，化学稳定性好，对许多材料的黏结力强，成形方便，价格较高	用于塑料模具、精密量具、电气和电子元件的灌注与固定、机件修复等
	氨基塑料（电玉）	UF	力学性能、耐热性、绝缘性接近电木，半透明如玉，颜色鲜艳，耐水性差	用于一般机械零件、电气绝缘件、装饰件，如开关、插座、把手、旋钮、仪表外壳等

（三）塑料的成形

各种塑料都必须经成形加工，才能得到具有一定形状、尺寸和使用性能的制品。塑料的成形方法主要有注塑成形（注射成形）、挤塑成形（挤压成形）、吹塑成形、压注成形等。

1. 注塑成形（注射成形）

将塑料放入专用注塑机的加料斗，加热呈糊状，再通过加压机构使糊状塑料从料斗末端的喷嘴注入闭合的模腔内，冷却后脱模获得制品，如图 6-1 所示。主要用于大批量塑料件的生产，如电视机外壳、汽车仪表盘、塑料盆等。

2. 挤塑成形（挤压成形）

由加料斗进入料筒的塑料加热呈黏流态，经螺旋压力输送机从口模连续挤出塑料型材

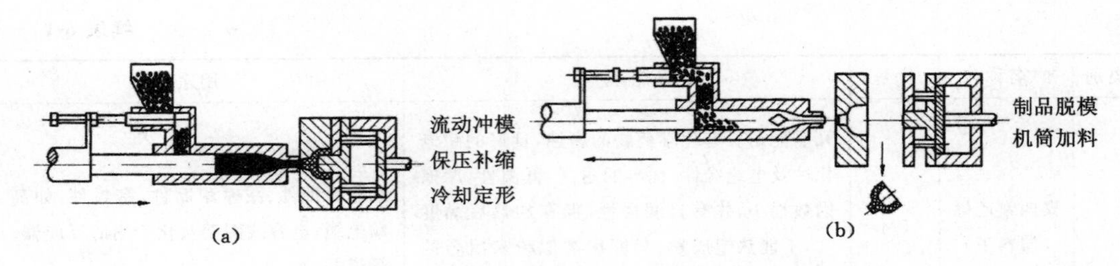

图 6-1 注塑成形示意图

或制品，如图 6-2 所示。主要用于截面一定、长度大的各种塑料型材，如塑料管、板、棒、片、带材和截面复杂的异型材。

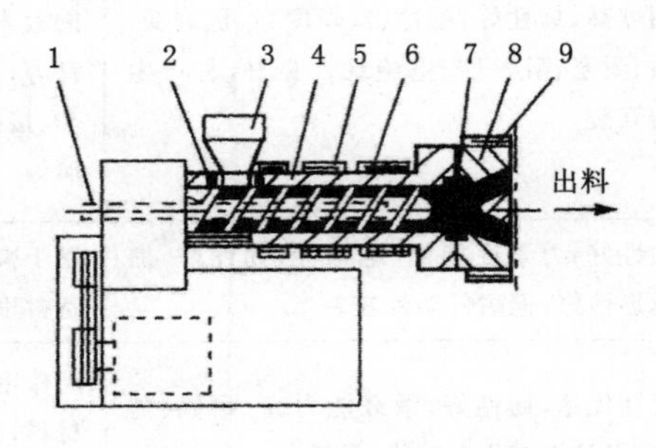

图 6-2 挤塑成形示意图

1——螺杆冷却水入口；2——料斗冷却区；3——料斗；4——机筒；5——机筒加热器；
6——螺杆；7——多孔板；8——挤出模；9——机头加热器

3. 吹塑成形

将熔融状态的塑料坯料放入模具内，用压缩空气使空心塑料型坯吹胀变形，并经冷却定型后获得塑料制品，如图 6-3 所示。主要用于制造中空件和管筒状薄膜，如瓶子、容器等。

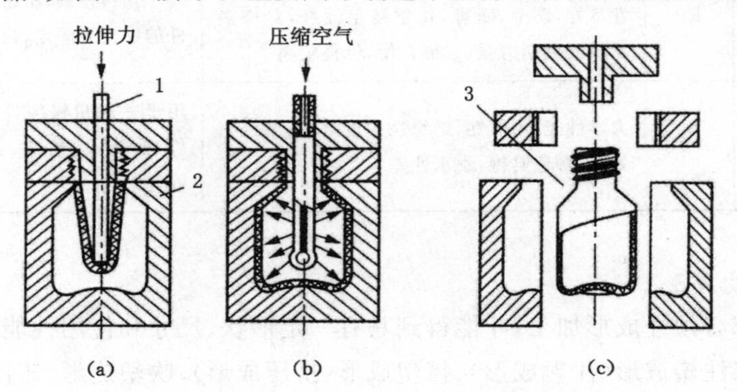

图 6-3 吹塑成形示意图

1——吹管；2——吹塑模；3——制品；4——压制成形(模压成形)

4. 压注成形

将配制好的塑料颗粒注入加热至一定温度的模具模腔内，加压成形后冷却固化，如图 6-4 所示。主要用于热固性塑料，也可用于压制热塑性塑料。

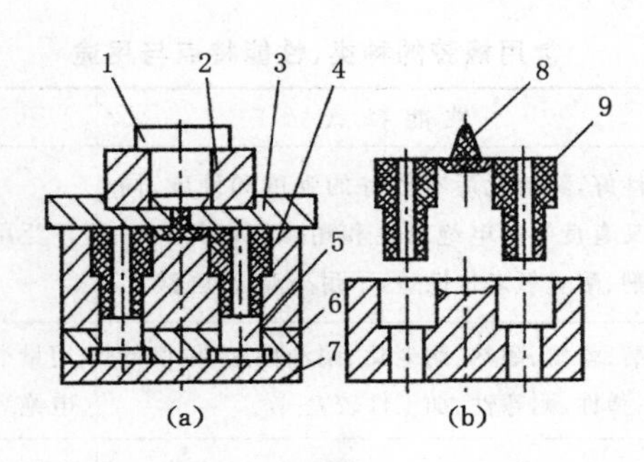

图 6-4　压注成形示意图

1——柱塞；2——加料腔；3——上模座；4——凹模；5——凸模；
6——凸模固定板；7——下模座；8——料头；9——制品

二、橡胶

橡胶是在使用温度范围内处于高弹态的高分子材料，在较小的载荷作用下，能产生很大的变形，当载荷取消后又能很快恢复到原来状态；吸振能力强；耐磨性、隔音性、绝缘性好；可积储能量；有一定的耐蚀性和强度。橡胶是常用的弹性材料、密封材料、消振防振材料和传动材料。

（一）橡胶的组成

橡胶制品是以生胶为基础加入适量的配合剂制成的。

1. 生胶

未加配合剂的天然橡胶或合成橡胶统称生胶。天然橡胶是由橡胶树上流出的胶乳，经凝固、干燥等加工工序后制成的弹性固状物，其综合性能好，但产量不能满足日益的需要，而且也不能满足某些特殊性能要求。因此，合成橡胶（以煤、石油、天然气和农副产品为原料用化学合成方法制成，其性质类似橡胶）得到了迅速发展。

2. 配合剂

为了提高和改善橡胶制品的性能而加入的物质称为配合剂，主要有硫化剂、活性剂、软化剂、填充剂、防老剂等。

(1) 硫化剂（常用硫黄或硫化物）可提高橡胶制品的弹性、强度、耐磨性、耐蚀性和抗老化能力。

(2) 活性剂（常用氧化锌、氧化铝）能加速发挥硫化促进剂的作用。

(3) 软化剂可增强橡胶塑性，改善附着力，降低硬度，提高耐寒性。

(4) 填充剂（常用炭黑、氧化硅、滑石粉以及作为骨架材料的金属丝、纤维织物等）可提高橡胶强度，减少橡胶用量，降低成本和改善工艺性能。

(5) 防老剂可在橡胶表面形成稳定的氧化膜，以抵抗氧化作用，防止和延缓橡胶发黏、变脆和性能变坏等老化现象。

（二）常用橡胶

橡胶按原料来源分为天然橡胶和合成橡胶，按用途分为通用橡胶和特种橡胶。

常用橡胶的种类、性能特点与用途见表 6-2。

（三）橡胶制品的加工

橡胶制品一般经过塑炼、混炼、成形和硫化几个工艺过程加工而成。

表 6-2 常用橡胶的种类、性能特点与用途

类别	名称	代号	性能特点	用途
通用橡胶	天然橡胶	NR	弹性好，经硫化后有较好的强度和硬度，同时又有良好的电绝缘性和耐碱性；耐油、耐溶剂、耐臭氧老化性差，不耐高温、浓强酸	广泛用于制造轮胎、胶带、胶管等
	丁苯橡胶	SBR	耐磨、耐候、耐热、耐老化、耐油性好，价格低廉；弹性、耐寒性、加工性较差	用量最大，多用于制造轮胎、胶带、胶管、电绝缘材料和工业用橡胶密封件等
	顺丁橡胶	BR	具有很好的耐磨性、耐老化性、耐寒性和高弹性；不易加工，强度较差	用量仅次于丁苯橡胶而位居第二，主要用于制造轮胎、运输皮带、减振器、电绝缘制品等
	氯丁橡胶（万能橡胶）	CR	力学性能与天然橡胶接近，耐氧、耐臭氧、耐油、耐酸、耐溶剂、耐燃烧、透气性好，誉为“万能橡胶”；密度大、成本高、电绝缘性、耐寒性较差	常用于制造矿井的运输带、胶管、电缆包皮、汽车门窗嵌条等
	异戊橡胶	IR	综合性能最好，力学性能、电绝缘性、耐水性、耐老化性均优于天然橡胶；强度、硬度略差，成本较高	用于制造轮胎的胎面胶、胎体胶、胎侧胶以及胶带、胶管等
	丁基橡胶	IIR	气密性、化学稳定性优，耐热、耐老化、耐候、电绝缘性好；加工性差，耐油、耐溶剂性差	用于制造充气轮胎的内胎、电线电缆绝缘材料等
	乙丙橡胶	EPDM	耐老化性、耐候性、耐蚀性优，弹性好；加工性差	用于制造耐热运输带、蒸汽胶管、耐腐蚀密封件以及垫片、密封条和散热器胶管等汽车零件
特种橡胶	聚氨酯橡胶	UR	强度高，耐磨性好，弹性、耐老化性、气密性、耐油性好；耐热、耐水、耐酸碱性较差	用于制造胶辊、实心轮胎、液压密封圈及耐磨制品
	丁腈橡胶	NBR	耐油性、耐水性好；耐寒性、耐酸性和绝缘性差	用于制造耐油制品，如油箱、储油槽、输油管、密封垫圈等
	硅橡胶	SIR	高耐热性、耐寒性，耐臭氧性、耐老化性、电绝缘性良好；强度低，耐磨性、耐酸性差，价格较贵	用于制造耐高温、低温的密封件、薄膜、胶管、电线、电缆等
	氟橡胶	FPM	耐腐蚀，耐油、耐多种化学介质腐蚀，耐热性好；成本高，耐寒性差，性价比差	用于制造耐化学腐蚀制品、高级密封件、高真空橡胶件等

（1）塑炼是在高温下通过氧化作用或较低温度下由机械作用而使橡胶分子裂解以减小分子量，降低弹性，提高橡胶塑性的过程，通常在炼胶机上进行。

（2）混炼是将各种配合剂按顺序均匀分散到橡胶中去的过程，在炼胶机上进行。混炼除了要严格控制温度和时间外，还要注意加料顺序。混合越均匀，制品质量越好。

（3）成形是将混炼好的胶模压、挤压成形或涂到织物上，形成产品形状。

（4）硫化是在橡胶中加入硫化剂和其他配料后加热、加压，使线形结构分子相互交联为

网状结构，强度、稳定性提高，弹性增强，塑性降低，并具有不熔、不融特性。这是橡胶加工中最重要的工序。

橡胶制品应注意使用和维护，尽量避免氧化、光照、高温和低温；不工作时应处于松弛状态，不与酸、碱、油类及有机溶剂接触。

任务实施

（1）非金属材料是除金属材料以外的一切材料的总称，主要包括高分子材料、陶瓷材料和复合材料。

（2）常用的高分子材料主要有塑料、橡胶等。塑料是以树脂为基础，加入添加剂制成。工程塑料是指力学性能较好、耐热、耐寒、耐蚀，绝缘性良好的塑料，可以代替金属材料使用。

（3）橡胶是以生胶为基础，加入适量配合剂制成，可分为天然橡胶和合成橡胶。橡胶最主要的性能是高弹性，但耐油、耐热、耐老化性差。

思考与练习

（1）什么是工程塑料？它有哪些性能？

（2）汽车尾灯盖、肥皂盒、薄膜包装材料等可选用何种工程塑料？

（3）常用塑料的加工方法有哪些？

（4）天然橡胶与合成橡胶各有何特性？在应用上有何区别？

（5）什么是橡胶的硫化？硫化的作用是什么？

任务二 陶瓷材料与复合材料

【知识要点】 陶瓷分类；常用陶瓷材料的特点与用途；复合材料的概念及其性能特点；常用复合材料。

【技能目标】 了解陶瓷材料的性能特点与用途；了解复合材料的性能特点与用途。

任务导入

陶瓷是由金属和非金属元素组成的无机化合物材料，性能硬而脆，比金属材料和工程塑料更能抵抗高温和环境的作用。

任务分析

陶瓷材料、复合材料与金属材料、有机高分子材料一起合称为四大工程材料，成为工业生产中不可缺少的支柱材料。因此，充分了解陶瓷、复合材料的种类、特点，对于其合理选用有着重要意义。

相关知识

一、陶瓷材料

陶瓷原指陶器和瓷器，是由黏土、长石、石英等天然硅酸盐矿物为原料，经粉碎配制、坯料成形、高温烧结而成，称为普通陶瓷或传统陶瓷。普通陶瓷主要用于建筑工程、一般电气工业、生活用品及装饰品、艺术品等方面。

为了改善普通陶瓷的性能，采用纯度较高的人工合成无机化合物原料，如金属氧化物、氮化物、碳化物、硼化物、硅化物等，沿用普通陶瓷的制造工艺，制得非硅酸盐无机化合物材料，称为特种陶瓷或新型陶瓷（现代陶瓷）。特种陶瓷主要用于机械、冶金、能源、电子、化工、尖端科技等领域。

（一）陶瓷制品的性能特点

1. 力学性能

陶瓷的硬度、耐磨性高于其他材料，一般硬度大于 1 500 HV；陶瓷室温下几乎无塑性，韧性极低，脆性大；陶瓷内部存在大量相当于裂纹源的气孔，在拉应力作用下会迅速扩展而导致脆断，因此陶瓷的抗拉强度低，但抗压强度较高。

2. 物理性能

陶瓷的熔点很高，有很高的高温强度，抗高温蠕变能力强，热硬性高达 1 000 ℃，但热膨胀系数和热导率小，温度剧烈变化时易破裂；大多数陶瓷的电绝缘性好，是传统的绝缘材料；有的陶瓷还具有光、电、磁、声等特殊性能，属新型功能材料。

3. 化学性能

陶瓷的化学稳定性很高，对大多数酸、碱、盐具有良好的抗蚀能力，不老化、不氧化。

（二）常用陶瓷材料及其应用

常用陶瓷的名称、性能与用途见表 6-3。

表 6-3　常用陶瓷的名称、性能与用途

名称	主要性能	用途
普通陶瓷（硅酸盐陶瓷）	质地坚硬、不氧化、不导电、耐腐蚀、成本低，加工成形性好；强度低，耐高温性能较差	用于电气、化工、建筑、纺织等行业
氧化铝陶瓷（Al_2O_3）（刚玉瓷）	耐高温性能好，可在 1 600 ℃下长期使用，耐蚀性很强，硬度很高，耐磨性好；脆性大，抗急热急冷性能差	用于制造熔化金属的坩埚、高温热电偶套管、刀具、模具、集成电路基片等
氮化硅陶瓷（Si_3N_4）	硬度高，耐磨性好，摩擦因数小，有自润滑作用，具有优良的高温抗蠕变性，热膨胀系数小、抗热冲击，能耐很多无机酸和碱溶液腐蚀	用于耐磨、耐蚀、耐高温、绝缘的零件，如泵和阀门的密封件，以及电热塞、增压器叶轮、高温轴承等
碳化硅陶瓷（SiC）	高温力学性能位居目前陶瓷材料之首，其高温强度高，在 1 400 ℃时抗弯强度仍可保持 500～600 MPa，有很好的耐磨性、耐腐蚀、抗蠕变性能，热传导能力很强	用于制造高温结构件，如火箭尾喷管喷嘴、浇注金属液用的喉嘴、泵的密封圈、燃气轮机叶片、轴承、阀门等
氮化硼陶瓷（BN）	六方氮化硼的结构、性能与石墨相似，故有“白石墨”之称，硬度较低，可以进行切削加工，导热性、耐热性好，具有自润滑性，在高温下耐腐蚀、绝缘性好；立方氮化硼硬度极高，仅次于金刚石，是优良的耐磨材料	六方氮化硼用于高温耐磨材料和电绝缘材料、耐火润滑剂等；立方氮化硼用于耐磨切削刀具、高温模具和磨料等

（三）陶瓷制品的成形

陶瓷制品的种类繁多，生产工艺过程也不相同，但一般都要经过原料制备、成形和烧结三个阶段。

（1）原料制备：原料经粉碎、磨细，按一定配比配料，根据成形工艺的要求，制备成粉料、浆料或可塑泥团。

（2）成形：陶瓷制品的成形可采用可塑成形（通过手工或机械挤压、车削，使可塑泥团成形）、压制成形（将含有一定水分和添加剂的粉料在模具中压制成形）和注浆成形（将浆料注入模具成形，如图 6-5 所示）。

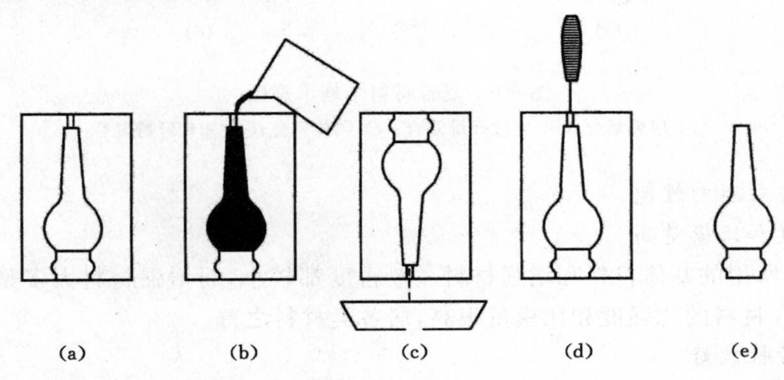

图 6-5　注浆成形示意图

（3）烧结：成形后的陶瓷制品经干燥、涂釉（或不涂）后高温烧结而成。

二、复合材料

由两种或两种以上性质不同的材料，经人工组合而成的多相固体材料称为复合材料。

复合材料通常由基体（连续相）和增强相（分散相）。基体相起粘结剂作用，增强相起提高强度或韧性的作用。材料复合后，可克服单一材料的弱点，充分发挥其优点，还可获得单一材料不易具备的性能和功能。例如玻璃纤维脆性较大，树脂强度不高，但由两者复合而成的玻璃钢，却有很高的韧性和强度。由此可见，"复合"是开发新材料的重要途径。

（一）复合材料的分类

1. 按基体类型分类

可分为高聚物基复合材料（如轮胎、纤维增强塑料等）、金属基复合材料（如纤维增强金属等）、陶瓷基复合材料（如钢筋混凝土等）三类。目前大量研究和使用的是以高聚物材料为基体的复合材料。

2. 按增强材料的种类分类

可分为玻璃纤维复合材料、碳纤维复合材料、有机纤维复合材料、金属纤维复合材料和陶瓷纤维复合材料。

3. 按复合结构和增强材料的形状分类

可分为层叠复合材料（如胶合板）、连续纤维复合材料、粒状填料复合材料、短纤维复合材料等，如图 6-6 所示。

4. 按用途分类

可分为结构复合材料（用于结构零件）和功能复合材料（具有某种物理性能）。

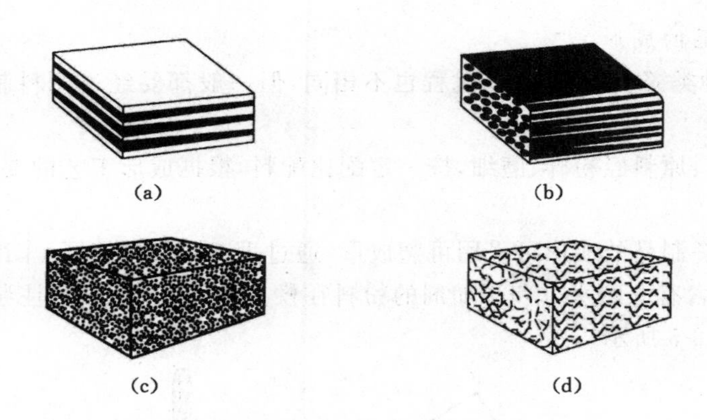

图 6-6 复合材料结构示意图

(a) 层叠复合；(b) 连续纤维复合；(c) 颗粒复合；(d) 短切纤维复合

（二）复合材料的性能

1. 比强度和比模量高

复合材料所用的基体材料和增强材料一般密度都较小，而增强材料大多是强度很高的纤维，所以复合材料的比强度和比模量很高，居各类材料之首。

2. 抗疲劳性能好

复合材料中作为承载相的纤维缺陷少，本身抗疲劳能力强，韧性基体具有缓和应力集中的作用，疲劳裂纹源难以萌生，裂纹也难以扩展。一旦产生裂纹，基体的塑性变形和大量纤维相的存在，会使裂纹钝化，也会使裂纹的扩展路径非常曲折和复杂，增强了裂纹扩展阻力，不致造成突然断裂。因此，复合材料的疲劳强度高。例如，大多数金属材料的疲劳强度仅为抗拉强度的 30％～50％，而碳纤维—聚酯树脂复合材料的疲劳强度是其抗拉强度的70％～80％。

3. 减振能力强

因复合材料的比模量高，其自振频率也高，可避免在工作状态下产生共振及由此引起的破坏。此外，由于纤维与基体界面有吸收振动能量的作用，即使产生了振动也会很快衰减，不容易造成振动破坏。

4. 高温性能好

用纤维增强的复合材料（特别是金属基体复合材料），在高温下强度、热疲劳性、热稳定性都较好。例如，在 400～500 ℃便丧失强度的铝合金，用碳纤维或硼纤维增强后，400 ℃时强度和弹性模量几乎可保持室温时的水平。

5. 其他性能

除上述特性外，复合材料的减摩性、耐蚀性以及工艺性能也比较好。但是复合材料也存在一些缺点，如各向异性，横向拉伸和层间剪切强度较低，伸长率小，韧性较差，而且成本太高，所以应用有限。

（三）常用复合材料及其应用

1. 纤维增强复合材料

纤维增强复合材料在复合材料中应用最广泛，其性能主要取决于纤维的特性、含量和排布方式。表 6-4 所列为常见纤维增强复合材料的性能与用途。

表 6-4　　常见纤维增强复合材料的性能与用途

名称	基体	性能特点	用途
玻璃纤维复合材料（玻璃钢）	热塑性树脂	强度、抗疲劳性能可提高 2～3 倍，韧性提高 2～4倍，蠕变抗力提高 2～5 倍，性能与某些金属相当	轴承、齿轮、汽车仪表盘及前后灯、空气调节器叶片、照相机和收音机壳体等
	热固性树脂	密度小，比强度高，耐蚀、绝缘性好，易成形；耐热性不高，易老化和蠕变	汽车和船体外壳、仪表零件、密封件、化工管道、泵、阀等
碳纤维复合材料	合成树脂	密度小，强度高，弹性模量大，比强度和比模量高，抗疲劳性能优良，耐冲击、耐磨、耐蚀	精密机器的齿轮、轴承、活塞、密封圈；化工容器和零件；飞机机身、螺旋桨、尾翼等
	碳或石墨	耐磨性高，刚度好，强度和冲击韧性高，化学稳定性与尺寸稳定性好	用于高温技术领域和化工装置中，可制作导弹鼻锥、飞船的前缘、超音速飞机的制动装置等
	陶瓷	高温强度高，弹性模量高，抗弯强度高，可在 1 200～1 500 ℃下长期工作	喷气飞机蜗轮叶片等
	金属或合金	以铝、铝锡合金为基的碳纤维复合材料具有很高的强度和弹性模量，减摩性好	高级轴承、旋转发动机壳体等
硼纤维复合材料	树脂	压缩强度和剪切强度高，蠕变小，硬度和弹性模量高，疲劳强度高，耐辐射，对水、有机溶剂、燃料和润滑剂都很稳定，导热性和导电性好	用于航空工业，制造翼面、仪表盘、转子、压气机叶片、直升机螺旋桨叶和传动轴等
	金属铝等	强度、比强度、弹性模量、疲劳强度和高温强度高	用于航空、火箭技术中的材料，如推进器、涡轮机等

2．层叠复合材料

（1）多层复合

用钢-多孔性青铜-塑料三层复合而成，它以钢为基体，多孔性青铜为中间层，塑料为表面层，可用作轴承垫片、球座等耐磨零件。

（2）玻璃复层

两层玻璃板夹一层聚乙烯醇缩丁醛，可制作安全玻璃。

（3）塑料复层

普通钢板上覆一层塑料，可提高耐腐蚀性能，用于化工及食品工业。

5．细粒复合材料

（1）金属粉粒与塑料复合

金属粉粒加入塑料中，可改善导电、导热性能，降低线膨胀系数。将铅粉加入氟塑料中，可用作轴承材料。含铅粉多的塑料可作 γ 射线的罩屏及隔音材料。

（2）陶瓷粒与金属复合

陶瓷粒与金属复合就是金属陶瓷，氧化物（如 Al_2O_3）金属陶瓷用作高速切削刀具的材料及高温耐磨材料。钛基碳化钨即硬质合金，可制作切削刃具。镍基碳化钛可用作火箭上的高温零件。

4. 骨架复合材料

(1) 多孔浸渍材料

多孔材料浸渍低摩擦因数的油脂或氟塑料，可作轴承。浸树脂的石墨，可作抗磨材料。

(2) 夹层结构材料

在两层薄而强的面板间夹一层轻而弱的芯子做成。其密度小，抗弯强度好，用于船舶、化工、航空等工业，如船只、飞机的隔板及冷却塔等。

三、其他非金属材料

工程中使用的非金属材料除了以上所述，还有金刚石、光纤、硅单晶、胶粘剂、涂料等新材料也有较广泛的用途，其性能特点与主要用途如表6-5所列。

表6-5　部分非金属材料的性能与用途

名称	性能特点	主要用途
金刚石	硬度极高，耐磨性好。天然金刚石价格昂贵，现多用人造金刚石	用作刃具、磨料等
单晶硅	硅的单晶体，优良的半导体材料	用于电子及信息行业，主要用来制造大规模集成电路
光导纤维	由纯度极高的玻璃或有机玻璃制成纤维芯与包层或保护套组成，能传输比铜导线大得多的信息量，抗电磁干扰能力极强	信息传输
液晶聚合物	高的比强度，在通电后可改变取向	制造高强度、高模量的纤维、薄膜、工程塑料；有高度取向的液晶聚合物薄膜用于记录、映像和储存信息

任务实施

(1) 陶瓷一般分为普通陶瓷和特种陶瓷。陶瓷的特点是硬度高、抗压强度大，耐高温、耐磨损、耐腐蚀及抗氧化性能好，广泛用于电气、化工、建筑、机械、纺织等行业。

(2) 复合材料不仅保留了组成材料各自的优点，而且使各组成材料之间相互复合、取长补短，形成优于原组成材料的综合性能。常用复合材料有纤维增强复合材料、层叠复合材料、细粒复合材料和骨架复合材料等。

思考与练习

(1) 陶瓷材料有哪些主要特性？常用工业陶瓷有哪些？

(2) 氮化硅和氮化硼特种陶瓷在应用上有何异同？

(3) 什么是复合材料？目前常用的复合材料有哪些？各有何性能及用途？

(4) 一些汽车车棚(顶)，过去用钢板制造，现在改用玻璃钢制造，有什么好处？

项目七　机械工程材料及其强化方法的选择

机械零件不仅要符合一定的外形和尺寸，更重要的是要根据零件的服役条件（包括工作环境、应力状态和载荷性质等），选用合适的材料和热处理工艺，以保证零件正常工作。若材料选用不当或热处理不合理，有时会造成零件的成本较高或加工困难；有时可能使机械不能正常运转或使设备的寿命缩短，甚至引起机械设备损坏和人身事故。因此，选材对于产品开发、加工制造、服役功能等关系极大，是直接影响企业经济效益的重要环节。

本项目共分四项基本任务。

任务一　选材的一般原则

【知识要点】　选材的使用性能原则；选材的工艺性能原则；选材的经济性原则。

【技能目标】　熟悉机械零件或工具选材的一般原则；熟悉常用机械工程材料的性能与用途。

任务导入

机械产品不仅要求质量好，而且还要求加工方便、成本低廉。产品质量的标志主要是效能、寿命和重量。效能是设计者的目的，在保证效能的前提下，寿命和重量是机械产品质量的关键，这些问题都与选用材料有密切关系。

任务分析

选材是指选择材料的成分、组织状态、冶金质量。在化学成分一定时，组织状态是由热处理（或其他强化方法）所决定的。只有"设计（零件形状尺寸）—选材—强化方法"三者结合，才能使材料性能潜力得到充分发挥，才能有效地提高产品的内在质量与经济效益。选用材料的一般原则应该是：首先满足零件或工具使用性能的要求，同时兼顾材料的工艺性能与经济性。

相关知识

一、选材的使用性能原则

零件的使用性能是保证其工作时安全可靠、经久耐用的必要条件，是选材时首要考虑的问题，一般机械零件常以力学性能作为保证其正常工作的主要依据。选材的一般程序是：分析零件工作条件（受力分析）→失效分析→确定主要性能指标→选择材料（确定材料化学成分、组织状态、冶金质量等）并制定热处理工艺（保证组织结构）→试验、投产。

表 7-1 所列为几种典型零件的工作条件、失效形式及主要性能指标。

表 7-1 几种典型零件的工作条件、失效形式及主要性能指标

零件名称	工作条件	常见失效形式	主要性能指标
连杆螺栓	交变拉应力、冲击载荷	疲劳断裂、过量塑性变形	σ_s、σ_{-1}、HBS
传动齿轮	交变弯曲应力、交变接触压应力、齿面摩擦、冲击载荷	轮齿折断、过度磨损或出现疲劳麻点	HRC、σ_{bb}、σ_{-1}、接触疲劳强度
传动轴	交变弯曲应力、扭转应力、冲击载荷、磨损	疲劳断裂、过度磨损	σ_s、σ_{-1}、HRC
弹簧	交变应力、振动	弹力丧失或疲劳断裂	σ_e、σ_s/σ_b、σ_{-1}
滚动轴承	点接触下的交变应力、滚动摩擦	表面疲劳损伤	HRC、σ_b、σ_{-1}

机械零件在使用过程中,因某种原因失去原来设计的效能称为失效。失效主要表现为:零件完全破坏,不能继续工作;零件虽然能工作但达不到预定的功能或不能保证工作精度;损坏不严重但继续工作不安全。上述情况发生任何一种,都认为零件已失效。一般零件常见的失效形式有:变形(包括弹性变形和塑性变形)、断裂(包括脆性断裂和韧性断裂)、表面损伤(包括磨损、表面龟裂、疲劳麻点等)、老化等。

实际上,零件的失效往往不是单一的某种形式,随着外界条件的变化,失效的形式可从一种形式转变为另一种形式,或者多种失效形式同时存在。例如,齿轮的失效往往先有点蚀、剥落,后出现轮齿变形、断齿等。

引起失效的因素很多,涉及零件的结构设计、材料选择和使用、加工制造、装配、使用保养等多方面。

二、选材的工艺性能原则

一般材料都需要经过一系列的加工工艺(如铸造、压力加工、焊接、热处理和切削加工等)才能制成具有一定形状、尺寸和性能的零件。因此,所选择的材料应满足加工工艺性能的要求。良好的工艺性能是保证零件顺利加工、提高零件的质量、简化零件的生产工艺、降低零件生产成本的重要条件。

表 7-2 列出了几种加工工艺对材料的组织与性能的影响。

表 7-2 几种加工工艺对材料组织与性能的影响

加工工艺	对材料组织与性能的影响
切削加工	影响较小。但切削过程会使已加工表面形成加工硬化层,其塑性下降,甚至产生微裂纹;在零件内部产生内应力,导致零件变形;产生切削热,使零件表面温度升高,甚至发生回火现象,从而影响其性能。残余应力可通过热处理、机械振动等方法消除
铸造	影响大。控制材料的化学成分和凝固条件(如冷却速度、变质处理等),可有效改变凝固后工件内部的组织与性能
压力加工	影响大。是金属材料的重要强化方法,铸锭经热加工后,强度、塑性、韧性提高,冷加工会产生加工硬化。冷、热变形纤维组织会使材料出现各向异性,应予以利用并合理控制
焊接	影响焊接接头。由于局部加热与冷却,焊缝及其附近组织、性能发生变化,并会在焊件内部产生残余内应力,导致焊件变形,甚至开裂

三、选材的经济性原则

选用材料时，除了满足使用性能和工艺性能外，经济性也是选用材料所必须考虑的重要因素。选用材料的经济性不仅指选用材料本身的价格，更重要的是使零件总成本降低，同时所选材料应符合国家资源状况和供应情况等。原则上尽量采用价格低廉、加工性能好的铸铁和碳钢，在必要时选用合金钢，而且尽量采用由我国富有元素组成的合金钢（如锰钢、硅锰钢等），少采用含有铬、镍元素的合金钢。

表7-3所列为常用金属材料的相对价格。

表7-3　　常用金属材料的相对价格

材料	相对价格	材料	相对价格
碳素结构钢	1	镍不锈钢	5
低合金结构钢	1.25	铬镍不锈钢	15
优质碳素结构钢	1.3～1.5	普通黄铜	13～17
易切钢	1.7	锡青铜、铝青铜	19
合金结构钢（铬镍钢除外）	1.7～2.5	灰口铸铁件	～1.4
铬镍合金结构钢（中合金钢）	5	球墨铸铁件	～1.8
滚动轴承钢	3	可锻铸铁件	2～2.2
碳素工具钢	1.6	碳素铸钢件	2.5～3
低合金工具钢	3～4	铸造铝合金、铜合金	8～10
高速钢	16～20	铸造锡基轴承合金	23
硬质合金（YT类）	150～200	铸造铅基轴承合金	10

注：以上相对价格按单位重量计算，适用于ϕ29～50 mm的热轧圆钢，有色金属为ϕ29～50 mm的棒材，铸件为1 000 kg以下的中等复杂程度铸件。

材料强化旨在提高材料对载荷的承受能力，抵抗失效以延长其使用寿命。因此，作为具有实际意义的强化，不仅应提高材料的强度和硬度，还必须使材料有一定的韧性储备。也就是说，材料强化的含义应是提高材料强度、硬度、塑性和韧性的综合效应。

然而，材料的强度、硬度与塑性、韧性往往呈现相互矛盾的现象，即提高强度常会使韧性降低，材料脆化，受力时容易过早断裂，反而难以发挥高强度优势；提高韧性又往往以牺牲强度为代价，从而限制材料强度潜力的发挥，使其承载能力降低。因此，一方面要防止盲目追求过多的韧性储备和盲目追求高强度这两种倾向，使材料的强度与韧性具有恰当的匹配；另一方面要寻找在提高材料强度的同时，又能提高其韧性的方法，即提高材料的强韧性。

随着材料使用条件的不同，其强度、硬度、塑性和韧性的匹配要求也不同。例如，承受小能量多次冲击和在交变载荷作用下的零件，材料应以提高强度为主，配合一定的韧性；对制作弹簧等弹性零件的材料，既要求高强度，又应具有较好的韧性；对承受冲击载荷的耐磨零件，则要求表面硬而芯部韧；对截面尺寸变化大，有缺口的零件，其材料应有相当的韧性储备。因此，应从实际需要出发，对材料采用不同的强化方法，以充分发挥其性能潜力。

由于适当的强化方法可以充分发挥材料的性能潜力，所以选材时应将材料与强化方法紧密结合起来综合考虑，而且必须注意正确使用手册；正确应用硬度指标；强度与韧性应合理匹配。

表 7-4 所列为几种常用材料的性能特点与用途。

表 7-4　　常用材料的性能特点与用途

材料		性能特点与用途
结构钢	渗碳钢	(1) 经渗碳淬火低温回火后，表面具有高硬度、高耐磨性与高疲劳强度，芯部具有良好强韧性，制作承受强烈摩擦、较大冲击的零件，如汽车与拖拉机齿轮、活塞销、摩擦片、内燃机凸轮等；(2) 经淬火及低温回火后，性强而韧，代替调质钢制作重要螺栓、石油钻机吊卡等
结构钢	调质钢	(1) 经调质后，综合力学性能好，制作承受复杂、较大载荷的零件，如传动轴、螺栓、连杆、齿轮、汽车半轴等，为提高表面强度、硬度、耐磨性与耐疲劳性，可再进行表面淬火、氮化等表面强化处理；(2) 经淬火及中、低温回火后，可提高强度，制作承受小能量多冲的零件，如锻锤杆等，及要求高强度、耐磨件，如凿岩机活塞等
结构钢	弹簧钢	经淬火及中温回火后，具有高弹性极限、高屈服强度与一定韧性，制作弹簧、弹簧夹头等弹性零件，高强度耐磨主轴等
结构钢	滚动轴承钢	经淬火及低温回火后，具有高硬度、高耐磨性、高强度与一定韧性，制作滚动轴承及刃具、冷冲模、精密量具、精密淬硬丝杠、柴油机喷油嘴等精密零件
工具钢	碳素工具钢	经淬火及低温回火后，具有高硬度、高耐磨性，但热硬性不高（＜250 ℃），制作手工刃具、低精度量具、形状简单的小尺寸冷作模具，及丝杠、车床顶尖、套筒等
工具钢	低合金工具钢	经淬火及低温回火后，具有高硬度、高耐磨性、热硬性稍高（250～300 ℃），制作截面较大、形状较复杂、切削速度稍大的刃具，高精度量具，受力较轻、但形状复杂、尺寸较大的冷作模具，及冷轧辊、磨床主轴、精密淬硬丝杠等耐磨、高强度件
工具钢	高速钢	经淬火及 560 ℃多次回火后，具有高硬度、高耐磨性、高热硬性（600 ℃），制作切削速度高、载荷大、形状复杂的刃具，或高强度冷作模具
工具钢	高铬冷作模具钢	经淬火及低温回火后，具有高硬度、高耐磨性，制作重载荷、高耐磨、形状复杂、精度要求高的冷作模具
工具钢	热锻模钢	经调质或淬火及中温回火后，具有高强度，足够韧性与耐磨性，较好抗热疲劳性，制作热锻模
特殊性能钢	不锈钢	制作在腐蚀条件下工作，以及对防蚀要求较高的受力零件，如汽轮机叶片、水压机阀、热油泵轴、化工器械等
特殊性能钢	耐热钢	制作在高温下工作的零件，如锅炉零件、热处理炉内构件、内燃机气阀等
特殊性能钢	抗磨钢	制作承受强烈冲击、挤、压的零件，如碎石机颚板、铁路道岔、挖掘机铲斗斗齿等
铸铁		与钢相比，铸铁的抗拉强度、塑性、韧性低，不宜用作承受复杂载荷、冲击载荷的重要零件，但其铸造性能好，有优良的减摩、耐磨、减振性，成本低，广泛用作承受压载，要求减振、耐磨，形状复杂（特别是具有内腔），又价廉的机器底座、床壳体、飞轮、缸体、缸套、活塞环、箱体、轴承座等。其中，球墨铸铁具有优良的力学性能，可代替一些钢件，制作承载较大但冲击小的零件，如曲轴、凸轮等

续表 7-4

材料		性能特点与用途	
有色金属材料	铜合金	与钢相比，强度、硬度、弹性模量低，成本高，用于有特殊要求的场合。机械中，铸件应用较多	要求耐蚀、减摩等零件，如滑动轴承、蜗轮、丝杠螺母、轴套、衬套，在蒸汽、海水中工作的阀门、垫圈、弹簧等
	铝合金		要求重量轻、耐蚀等零件，如扇风机叶片、油泵壳体、发动机汽缸体、柴油机活塞等
塑料		与金属材料相比，强度、硬度、弹性模量低，尺寸稳定性差，易老化变质，不能用于制造承受载荷较大的比较重要的机械零件。但其减摩性好，不需润滑剂润滑，还可减振、消音，比重小，耐腐蚀，绝缘等，可用作制造轻载齿轮、干摩擦轴承、丝杠螺母、壳体、手柄、叶片、叶轮以及腐蚀介质中工作的零件	
陶瓷		脆性太大，目前还不能作为结构材料使用，但有很高的硬度和热硬性、绝缘、抗蚀、极耐高温、极耐摩擦，是重要的工具材料和高温材料，也是良好的绝缘、耐蚀材料，用于制作高速切削刃具、热拉丝模、喷嘴、内燃机火花塞等	
纤维复合材料		具有高的比模量和比强度，抗疲劳、耐磨、减振，目前在汽车车体、船体、压力容器、齿轮、轴承、法兰等产品上已有应用，但因成本高，故应用有限	

任务实施

(1) 机械产品不仅要求质量好，而且要求加工方便、成本低廉。选用材料的一般原则：首先满足零件或工具使用性能的要求，同时兼顾材料的工艺性能与经济性。

(2) 失效是指零件或工具失去正常工作所具有的效能。失效的主要形式有：变形、断裂、表面损伤及老化等。零件最关键性的性能指标通常根据零件的失效形式来确定。

(3) 材料的使用性能决定着零件的使用价值和工作寿命，通常是选材的主要依据。

(4) 材料的工艺性能直接影响零件质量、生产效率和成本，是选材时必须考虑的问题。

(5) 各类材料中，金属材料特别是钢铁材料具有最优良的综合力学性能，通过变形、热处理，还可使其性能获得进一步调整与提高，而且往往生产成本也较低，所以目前仍是最主要的机械工程材料。

思考与练习

(1) 选择材料应遵循哪些原则？简述选材的方法和步骤。

(2) 什么是零件的失效？一般机械零件的失效形式有哪几种？它们要求材料的主要性能指标分别是什么？

任务二　典型零件的选材分析

【知识要点】 齿轮类零件、轴类零件以及箱体类零件的工作条件、失效形式、性能要求及选材分析。

【技能目标】 能根据机械零件的工作条件、失效形式及性能要求，合理选用材料及其强化方法。

任务导入

在机床、汽车、拖拉机等机械制造业中，齿轮类、轴类和箱座体类零件应用广泛，是机器中不可缺少的重要零件。机器中重要零件的选材是否恰当，将直接影响到产品的使用性能、工作寿命及制造成本。

任务分析

齿轮是重要传动零件之一，在各种机械装置中主要担负传递功率与调节速度的任务，有时也起改变运动方向的作用。轴类零件也是影响机械设备的精度和寿命的关键零件，主要起支撑转动零件(如齿轮、凸轮等)、承受载荷和传递动力的作用。箱座体类零件是机器的基础零件，结构形状一般较复杂，工作条件也相差较大。

相关知识

一、齿轮类零件的选材

(一) 齿轮的工作条件与主要失效形式

(1) 齿轮工作时，通过齿面的接触传递动力，在啮合的齿面上，相互滚动和滑动造成强烈的摩擦和交变的接触应力；(2) 传递动力时，使齿根部承受较高的弯曲应力；(3) 有些齿轮在换挡、启动或啮合不均匀时还承受冲击力等。

根据齿轮的工作条件，齿轮的主要失效形式是齿面磨损、齿面疲劳剥落(麻点剥落、浅层剥落、深层剥落)和齿根疲劳断裂。

(二) 齿轮的性能要求

根据齿轮的工作条件、失效形式，要求齿轮材料应具备以下主要性能：

(1) 高的弯曲疲劳强度和接触疲劳强度；

(2) 齿面具有高的硬度和耐磨性；

(3) 齿轮芯部具有足够的强度与韧性。

但是，对于不同机器中的齿轮，因载荷大小、速度高低、精度要求、冲击强弱等工作条件的差异，对性能的要求也有不同，故应选用不同的材料与强化方法。显然，载荷越重，速度越大，齿轮疲劳与磨损的现象就越严重，对材料的强化要求也越高。齿轮精度要求越高，对材料尺寸稳定性和耐磨性的要求也应越高，以防止在使用过程中因变形或磨损，丧失其原有的精度。此外，齿轮运转过程中承受的冲击越大，对材料的韧性要求也越高。

(三) 齿轮类零件的选材分析

1. 锻钢

机械齿轮通常采用锻钢(调质钢、渗碳钢)制造。一般先锻成齿坯，以获得致密组织和合理的流线分布。

(1) 调质钢齿轮

耐磨性要求较高，而冲击韧性要求一般的硬齿面(＞350HBS)齿轮，如机床的变速箱齿轮，通常采用45、40Cr、40MnB等钢，经调质后表面淬火、低温回火处理。对于高精度、高速运转的齿轮，可采用38CrMoAlA钢，经调质后渗氮处理。

对齿面硬度要求不高的软齿面（≤350 HBS）齿轮，如机床的挂轮架齿轮与溜板箱齿轮、汽车曲轴正时齿轮等，通常采用45、40Cr、35SiMn等钢，经调质或正火处理。

(2) 渗碳钢齿轮

渗碳钢主要用于制造速度高、载荷重、冲击较大的硬齿面齿轮，如汽车、拖拉机变速箱、驱动桥齿轮，机床的重要齿轮等，通常采用20CrMnTi、20MnVB、20CrMnMo等钢，经渗碳淬火、低温回火处理，表面硬度高而耐磨，芯部强韧耐冲击。为增加齿面残余压应力，进一步提高齿轮的疲劳强度，还可随后进行喷丸处理。

2. 铸钢

对于一些直径较大（400～600 mm甚至更大）、力学性能要求较高，但形状复杂的齿轮毛坯（如起重机齿轮），当用锻造方法难以成形时，可采用铸钢制作。常用的铸钢有ZG310-570、ZG340-640等。铸钢齿轮在机械加工前应进行正火，以消除铸造内应力和硬度不均，改善切削加工性能；机械加工后，一般进行表面淬火。

3. 铸铁

对耐磨性、疲劳强度要求较高，但冲击较小的齿轮，如机油泵齿轮，可采用球墨铸铁（如QT500-7、QT600-3）制造。而对受冲击很小的低精度、低速齿轮，如汽车发动机凸轮轴齿轮，可采用灰口铸铁（如HT200、HT300）制造。铸铁齿轮一般在铸造后进行去应力退火、正火或机械加工后表面淬火。

4. 有色金属

在仪器、仪表中，以及在某些接触腐蚀介质中工作的轻载齿轮，常采用耐蚀、耐磨的有色金属如黄铜、铝青铜、锡青铜和硅青铜等制造。

二、轴类零件的选材

(一) 轴类零件的工作条件与失效形式

轴类零件工作时主要承受交变的弯曲应力与扭转应力，同时还要承受一定的冲击、振动，有时还要受短时的过载作用。因需轴承支持，故轴颈处还承受较大的摩擦作用。

轴类零件的失效形式是断裂（包括疲劳断裂和过载断裂）、磨损（主要发生在轴颈处）和过量变形。

(二) 轴类零件的性能要求

根据工作条件和失效形式，轴类零件应具备以下性能：

(1) 良好的综合力学性能和高的疲劳强度，以防折断、扭断或疲劳断裂。

(2) 对于轴颈等受摩擦部位，则要求高的硬度与耐磨性。

(三) 轴类零件的选材分析

大多数轴类零件采用锻钢制造，对于直径相差较大的阶梯轴或对力学性能要求较高的重要轴、大型轴，应采用锻造毛坯。而对力学性能要求不高的光轴、小轴，则可采用轧制圆钢直接切削加工制成。根据轴的承载情况不同，可分为以下几种：

(1) 对承受交变拉应力和动载荷的轴类零件，如缸盖螺栓、连杆螺栓、船舶推进器轴等，其截面受均匀分布的拉应力作用，应选用淬透性好的调质钢，如40Cr、40MnVB、40CrNi等，以保证调质后零件的整个截面性能一致。

(2) 主要承受弯曲和扭转应力的轴类零件，如发动机曲轴、汽轮机主轴、机床主轴等，一般采用调质钢制造。因其最大应力在轴的表层,因此一般不需要选用淬透性很高的钢。其中,对磨损较轻、冲击不大的轴,如普通齿轮减速器传动轴、普通车床主轴、低速内燃机曲轴等,可选用45钢经调质或正火处理,然后对要求耐磨的轴颈及配件经常装拆的部位进行表面淬火、低温回火。对磨损较重且受一定冲击的轴,可选用合金调质钢,经调质后再在需要高硬度部位进行表面淬火、低温回火。例如,汽车半轴常采用40Cr、40CrMnMo等钢;高速内燃机曲轴常采用35CrMn、42CrMo、18Cr2Ni4WA等钢。

(3) 对磨损严重且受较大冲击的轴,如载荷较重的组合机床主轴、齿轮铣床主轴,汽车、拖拉机变速轴、活塞销等,可选用20CrMnTi钢,经渗碳、淬火、低温回火处理。

(4) 对高精度、高速传动的轴类零件,可采用氮化钢、高碳钢或高碳合金钢。如高精度磨床主轴或精密镗床镗杆采用38CrMoAlA钢,经调质后氮化处理;精密淬硬丝杠淬硬9Mn2V或CrWMn钢,经淬火、低温回火处理。

除锻钢轴类零件外,对中、低速内燃机曲轴以及连杆、凸轮轴,还可采用QT600-3等球墨铸铁,经正火局部表面淬火或软氮化(以渗氮为主的液体氮碳共渗),不仅力学性能满足要求,而且制作工艺简单,成本较低,故已获得较多应用。

三、箱座体类零件的选材

(一) 箱座体类零件的工作条件与性能要求

一般的基础零件,如机身、底座等,主要起支撑和连接机床各部分的作用,而非运动的零件,以承受压应力和弯曲应力为主,为保证工作的稳定性,要求较好的刚度和减振性;工作台和导轨等零件,要求有较高的耐磨性;主轴箱、变速箱、进给箱、阀体等,通常受力不大,要求有较高的刚度和密封性;有些机身、支架同时受压、拉和弯曲应力的联合作用,甚至有冲击载荷,则要求有较好的综合力学性能。

(二) 箱座体类零件的选材分析

(1) 受力较大,要求强度、韧性高,甚至在高压、高温下工作的箱座体,例如汽轮机机壳等,应采用铸钢。铸钢件应进行完全退火或正火,以消除粗晶组织和铸造应力。

(2) 受力较大,但形状简单,生产数量少的箱座体,可采用钢板焊接而成;受力不大,且主要承受静载荷,不受冲击的箱座体,可选用灰口铸铁,如在工作中与其他零件有相对运动,且有摩擦、磨损产生,则应选用珠光体基体的灰口铸铁。铸铁件一般应进行去应力退火。

(3) 受力不大,要求自重轻,工作或要求导热性的箱座体,可选用铸造铝合金。铝合金件应根据成分不同,进行退火或淬火与时效处理。

(4) 受力很小,要求自重轻,工作条件好的箱座体,可选用工程塑料。

任务实施

(1) 决定零件质量和寿命的主要因素是零件使用状态的组织,而材料及其强化方法的选择正是一种极其重要的零件内部组织结构设计。

(2) 选材时应把材料和强化方法紧密结合起来综合考虑。

(3) 齿轮类、轴类、箱座体类零件是机器中的重要零件,应根据其工作条件、主要失效形式、要求的性能等,合理选择材料及其强化方法。

思考与练习

（1）有一 $\phi 30 \times 300$ mm 的轴，要求摩擦部位的硬度为 53HRC～55HRC，现用 30 钢制造，经调质后表面高频淬火和低温回火，使用过程中发现摩擦部位严重磨损。试分析失效原因，并提出解决办法。

（2）为什么在蜗轮蜗杆传动中，蜗杆采用低、中碳钢或合金钢（如 15、45、20Cr、40Cr 钢）制造，而蜗轮则采用青铜制造？

（3）指出下列几种轴的选材及热处理：

① 卧式车床主轴，最高转速为 1 800 r/min，电动机功率 4 kW，要求花键部位及大端与卡盘配合处硬度为 53HRC～55HRC，其余部位硬度为 220HBS～240HBS，在滚动轴承中运转；

② 坐标镗床主轴，要求表面硬度不小于 850HV，其余硬度为 260HBS～280HBS，在滑动轴承中工作，精度要求很高；

③ 手扶拖拉机中的 185 型柴油机曲轴，功率为 509 kW，转速为 2 200 r/min，单缸。

（4）下列各种要求的齿轮，各应选择何种材料？

① 齿面硬度高、芯部韧性好的齿轮；

② 承受载荷不大的低速大型齿轮；

③ 承受载荷大、强度高、尺寸小的齿轮；

④ 低噪音、小载荷齿轮。

任务三　典型工具的选材分析

【知识要点】 刃具与冷作模具的工作条件、主要失效形式、性能要求及选材分析。

【技能目标】 能根据刃具、冷作模具的工作条件、主要失效形式及性能要求，合理选用材料及其强化方法。

任务导入

切削加工使用的车刀、铣刀、钻头、锯条、丝锥、板牙等工具统称为刃具，用于切除工件上多余的金属层。冷作模具包括冷冲模、冷挤压模和拉丝模等，它们使常温金属材料在模具中产生塑性变形，以得到所需形状、尺寸的制件。刃具、冷作模具的选材是否正确，直接影响工件的加工精度和表面质量。

任务分析

为了正确选材，制定和改进热处理工艺，提高刃具、冷作模具的使用效能，延长使用寿命，必须对刃具、冷作模具的工作条件、失效形式及其对材料的性能要求进行综合分析，寻找失效的主要因素，以便合理选择材料，确定强化方法，从而做到材尽其用。

相关知识

一、刃具的选材分析

（一）刃具的工作条件与失效形式

刃具在工作时，不仅要承受压力、弯曲、振动与冲击，还受到工件和切屑强烈的摩擦作用。由于切削发热，所以刃部温度可达 500～600 ℃。

刃具的主要失效形式：

(1) 刃具与工件高速摩擦，使刀刃受到磨损；

(2) 磨削热会在刀刃处形成积屑瘤脱落，易导致刀刃处表面脱落；

(3) 刃具切削时受到的冲击和振动易使其发生崩刀及脆断。

（二）刃具的性能要求

刃具材料应具有高硬度(＞60HRC)、高耐磨性和高热硬性，足够的强度、韧性以及良好的导热性等。

（三）刃具材料的选材分析

制造刃具的材料有碳素工具钢、低合金刃具钢、高速钢、硬质合金、陶瓷金刚石等，可根据刃具的使用条件和性能要求不同进行选用。如手锯锯条、锉刀、木工刨刀、凿子等简单、低速手用刃具，热硬性和强韧性要求不高，主要的使用性能是高硬度、高耐磨性，可用 T8、T10、T12 钢制造。丝锥、板牙、拉刀等低速、形状较复杂的刃具，可选用 9SiCr、CrWMn 钢制造，在低于 300 ℃的温度下使用。高速切削刃具则选用高速钢(W18Cr4V、W6Mo5Cr4V2)、硬质合金(YG8、YT5、YG3、YT15)或陶瓷(Si3N4)制造。

图 7-1 所示为圆柱铣刀简图。铣刀是铣削加工的刀具，为了提高铣削加工的生产率和延长刀具寿命，要求铣刀具有高的硬度(62HRC～65HRC)、高的耐磨性和高的红硬性，以及足够的强度和韧性。

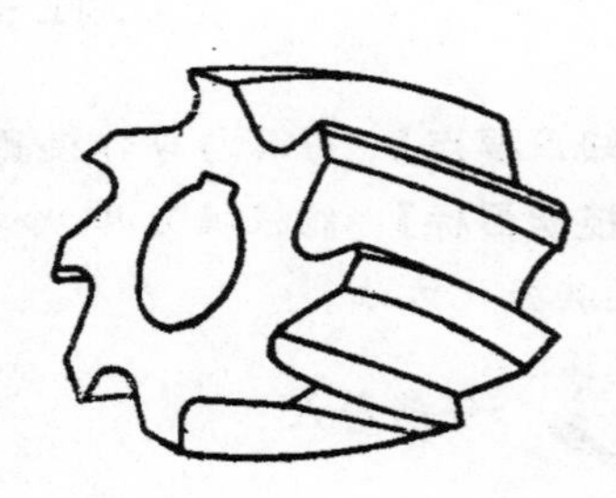
图 7-1 圆柱铣刀简图

铣刀的失效形式主要是脆断和磨损。因此一般选用高速钢和硬质合金。高速钢红硬性较高，强度和韧性比硬质合金好，容易将刀具制成需要的形状和尺寸，常用于制造整体铣刀，并适合加工冲击性较大的工件。因此，选用 W18Cr4V 钢制造。

工艺路线：下料→锻造→退火→机械加工→淬火、回火→精加工。

为了节约高速钢，有些铣刀的齿部采用高速钢制成，然后镶嵌在结构钢的刀体上。若需提高铣刀切削速度和铣削一些高硬度工件，则可在齿部采用硬质合金，然后将其镶嵌在用结构钢制作的刀体上。

二、冷作模具的选材分析

（一）冷作模具的工作条件与失效形式

冷作模具工作时承受很大的载荷，如压力、弯曲力、剪切力、冲击力和摩擦。主要失效形式是磨损和胀裂，有时也会因脆断、蹦刃而提前报废。

（二）冷作模具的性能要求

冷作模具应具有高的硬度和耐磨性，足够的强度、韧性和疲劳强度，截面尺寸较大的模具要求具有较高的淬透性，而高精度模具还要求热处理变形小。

（三）冷作模具的选材分析

制作尺寸较小、形状简单、工作负荷不太大的冷作模具，常用碳素工具钢和低合金工具钢，如T10A、9SiCr、9Mn2V、GCr15等，经淬火、低温回火后使用。

制作截面大、形状复杂、工作负荷大的冷作模具，则用高碳高铬钢，如Cr12、Cr12MoV钢，经适当热处理后使用。

表7-5所列为冷作模具凸模、凹模常用材料及热处理技术要求。

表7-5　冷作模具凸模与凹模常用材料及热处理技术要求

<table>
<tr><th rowspan="2">模具类型</th><th rowspan="2">冲件情况</th><th rowspan="2">材料</th><th rowspan="2">热处理</th><th colspan="2">硬度 HRC</th></tr>
<tr><th>凸模</th><th>凹模</th></tr>
<tr><td rowspan="10">冲裁模</td><td>形状简单、冲裁厚度小于3 mm的凸模、凹模和凸凹模</td><td>T8A</td><td rowspan="7">淬火</td><td rowspan="6">58～62</td><td rowspan="6">60～64</td></tr>
<tr><td>带台肩、快换式的凸模、凹模</td><td rowspan="2">T10A</td></tr>
<tr><td>形状简单的镶块</td></tr>
<tr><td>形状复杂的凸模、凹模和凸凹模</td><td rowspan="2">9SiCr、CrWMn</td></tr>
<tr><td>冲裁厚度大于3 mm的凸模、凹模和凸凹模</td></tr>
<tr><td>形状复杂的镶块</td><td>Cr12、Cr12MoV</td></tr>
<tr><td rowspan="2">要求高耐磨性的凸模、凹模</td><td>Cr12MoV</td><td>60～62</td><td>62～64</td></tr>
<tr><td>GCr15、YG15</td><td>—</td><td>—</td><td>—</td></tr>
<tr><td>冲薄材料用的凹模</td><td>T8A</td><td>—</td><td>—</td><td>—</td></tr>
<tr><td>板模的凸模和凹模</td><td>T7A</td><td rowspan="9">淬火</td><td colspan="2">43～48</td></tr>
<tr><td rowspan="5">弯曲模</td><td>一般弯曲的凸模、凹模、镶块</td><td>T8A、T10A</td><td colspan="2">56～60</td></tr>
<tr><td>要求高度耐磨的凸模、凹模及其镶块</td><td>CrWMn</td><td colspan="2" rowspan="3">60～64</td></tr>
<tr><td>形状复杂的凸模、凹模及其镶块</td><td>Cr12</td></tr>
<tr><td>生产量特大的凸模、凹模及其镶块</td><td>Cr12MoV</td></tr>
<tr><td>材料加热的弯曲凸模与凹模</td><td>5CrNiMo
5CrNiTi</td><td colspan="2">52～56</td></tr>
<tr><td rowspan="7">拉深模</td><td>一般拉深的凸模和凹模</td><td>T8A、T10A</td><td rowspan="2">58～62</td><td rowspan="2">60～64</td></tr>
<tr><td>连续拉深的凸模和凹模</td><td>T10A、CrWMn</td></tr>
<tr><td>要求耐磨的凹模</td><td>Cr12、Cr12MoV</td><td>—</td><td>62～64</td></tr>
<tr><td>冲压不锈钢材料用的拉深凸模</td><td>YG15、YG8</td><td>—</td><td colspan="2">—</td></tr>
<tr><td>冲压不锈钢材料用的拉深凹模</td><td>W18Cr4V</td><td>淬火</td><td>62～64</td><td>—</td></tr>
<tr><td rowspan="2">材料加热，拉深用的凸模和凹模</td><td>YG15、YG8</td><td>—</td><td colspan="2">—</td></tr>
<tr><td>5CrNiMo、5CrNiTi</td><td>淬火</td><td colspan="2">52～56</td></tr>
</table>

任务实施

（1）刃具材料决定了刃具的切削性能，直接影响加工效率、刃具耐用度和加工成本。刃具材料的合理选择是切削加工工艺的一项重要内容。普通刀具材料主要有碳素工具钢、低合金工具钢、高速钢及硬质合金等。

(2) 冷作模具如冷冲模、冷挤压模和拉丝模等,使金属在冷态下(工作温度一般不超过200～300 ℃)变形或分离,主要失效形式为脆断和磨损,目前常用制作材料为含碳量不小于0.7%的碳素工具钢、低合金工具钢、高碳高铬钢、高速钢等,并配以适当的热处理来满足冷作模具的使用性能要求。

思考与练习

(1) 确定下列工具的材料及最终热处理:

① M8 的手用丝锥;

② ϕ10 mm 麻花钻;

③ 切削速度为 35 mm/min 的圆柱铣刀;

④ 切削速度为 150 mm/min,用于切削灰口铸铁及有色金属的外圆车刀。

(2) 某工厂用 T10 钢制造的钻头加工一批铸铁件,钻 ϕ10 mm 的深孔。钻几个孔以后钻头很快磨损,据检验,钻头材质、热处理工艺、金相组织、硬度均合格,问失效原因是什么?并提出解决方法。

(3) 钢锉刀采用 T10 钢制造,硬度为 60HRC～64HRC,其加工工艺路线为:热轧钢板下料→正火→球化退火→机械加工→淬火、低温回火→校直。试说明工艺路线中各个热处理工序的目的、热处理后组织。

(4) 指出下列工件各应采用所给材料中哪一种?并选定其热处理方法。

工件:车辆缓冲弹簧、发动机排气阀门弹簧、自来水管弯头、机床床身、发动机连杆螺栓、机用大钻头、车床尾架顶针、螺丝刀、镗床镗杆、自行车车架、车床丝杠螺母、电风扇机壳、普通机床地脚螺栓。

材料:38CrMoAl、40Cr、45、Q235、T7、T10、50CrVA、W18Cr4V、KTH300-06、60Si2Mn、ZL102、ZCuSn10Pb1、HT200。

任务四　机械工程材料的应用实例(减速器零件用材概况)

图 7-2 所示为一级直齿圆柱齿轮减速器的装配简图。减速器位于原动机与工作机(如提升卷筒等)之间,作为减速和传递动力的装置。原动机一般转速较高,与减速器的主动轴相连,经一对齿轮啮合传动减速后,由从动轴把动力传给工作机。显然,减速器中齿轮和转轴是关键零件,其他零件都是为这一对齿轮的正常啮合运转服务的。

该减速器的工作条件较好,承受中等载荷,有充分的润滑油供给,一般不在高温或极低温度下工作,很少受腐蚀性介质的影响,但要求运转平稳、有较高的传动精度与刚度。基于上述情况,一般对减速器零件的力学性能要求不很高,也无其他特殊性能要求。因此,减速器的大部分零件可采用碳钢和铸铁制造,少量使用合金钢、有色金属及非金属材料。其中,轴、齿轮等钢制零件的热处理较多采用正火、调质、表面淬火等。

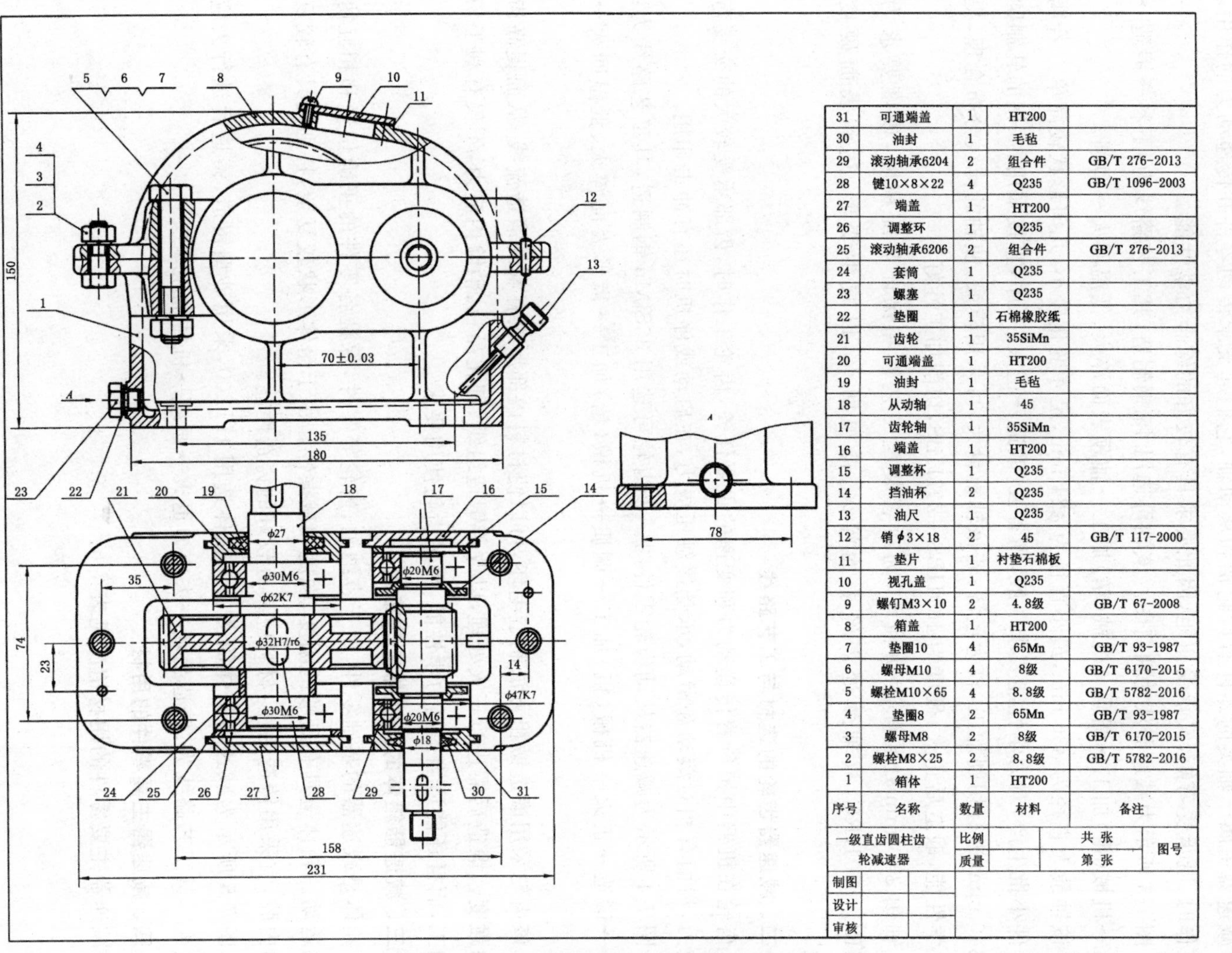

31	可通端盖	1	HT200	
30	油封	1	毛毡	
29	滚动轴承6204	2	组合件	GB/T 276-2013
28	键10×8×22	4	Q235	GB/T 1096-2003
27	端盖	1	HT200	
26	调整环	1	Q235	
25	滚动轴承6206	2	组合件	GB/T 276-2013
24	套筒	1	Q235	
23	螺塞	1	Q235	
22	垫圈	1	石棉橡胶纸	
21	齿轮	1	35SiMn	
20	可通端盖	1	HT200	
19	油封	1	毛毡	
18	从动轴	1	45	
17	齿轮轴	1	35SiMn	
16	端盖	1	HT200	
15	调整杯	1	Q235	
14	挡油杯	2	Q235	
13	油尺	1	Q235	
12	销 φ3×18	2	45	GB/T 117-2000
11	垫片	1	衬垫石棉板	
10	视孔盖	1	Q235	
9	螺钉M3×10	2	4.8级	GB/T 67-2008
8	箱盖	1	HT200	
7	垫圈10	4	65Mn	GB/T 93-1987
6	螺母M10	4	8级	GB/T 6170-2015
5	螺栓M10×65	4	8.8级	GB/T 5782-2016
4	垫圈8	2	65Mn	GB/T 93-1987
3	螺母M8	2	8级	GB/T 6170-2015
2	螺栓M8×25	2	8.8级	GB/T 5782-2016
1	箱体	1	HT200	
序号	名称	数量	材料	备注

一级直齿圆柱齿轮减速器	比例		共 张	图号
	质量		第 张	
制图				
设计				
审核				

图7-2　一级直齿圆柱齿轮减速器的装配简图

一、减速器轴的选材与工艺路线

减速器中属于轴类的零件有齿轮轴和从动轴，它们起支承传动零件并传递动力的作用。在工作时，既承受弯矩，又承受扭矩，因此要求具有较好的综合力学性能。

图 7-3 所示为减速器从动轴简图。该轴可选用 45 钢制造，其工艺路线为：下料→锻造→正火→机械（粗）加工→调质→机械（精）加工→轴颈表面淬火、低温回火→磨削。

该轴最大直径为 ϕ36 mm，最小直径为 ϕ24 mm，尺寸变化较小，几何形状较简单。若属于单件小批生产，对力学性能要求一般，则省去“锻造→正火”工序，直接采用 45 钢的轧制圆钢（ϕ40 mm）进行切削加工，较为经济；若该轴批量大，可采用模锻，使轴的流线分布合理，提高力学性能，锻造后正火，硬度为 180HBS～207HBS，切削加工性好。

轴颈 ϕ30 mm 处装配滚动轴承，为改善装配工艺性和保证装配精度，硬度要求为 40HRC～50HRC，故轴颈处需经表面淬火、低温回火，以减少变形，达到表面硬度要求。

二、减速器齿轮的选材与工艺路线

齿轮在机器中担负着传递动力和变速的重要任务，齿轮工作时，齿部承受较大的交变弯曲应力，齿面有相对滚动和滑动，承受接触压应力，在启动或停机时还有冲击作用。

图 7-4 所示为减速器从动齿轮零件图。该齿轮可选用 35SiMn 钢制造，其工艺路线为：下料→锻造→正火→机械（粗）加工→调质→机械（精）加工→齿形表面淬火、低温回火→磨齿。

该齿轮采用锻造镦粗方法制造毛坯，可以使材料内部形成有利的锻造流线，从而提高齿轮的强度。锻造后需进行正火处理，以改善锻造组织、细化晶粒、消除内应力，不仅有利于切削加工，而且还能适当提高力学性能，满足齿轮使用要求。

三、减速器箱体的选材与工艺路线

箱体是减速器的基础零件，用于容纳轴、齿轮等零件，保证各零件的正确位置和相互协调地运动。箱体应具有足够的刚度、强度和减振性。由于箱体形状较复杂，特别是具有较复杂的内腔，宜采用铸造毛坯，材料应具有较好的铸造性能。

图 7-5 所示为减速器箱体简图。该箱体选用 HT200，采用砂型铸造，铸造后进行去应力退火。其工艺路线为：铸造毛坯→去应力退火→画线→机械加工。

四、减速器主要零件的用材

减速器主要零件的用材情况见表 7-6。

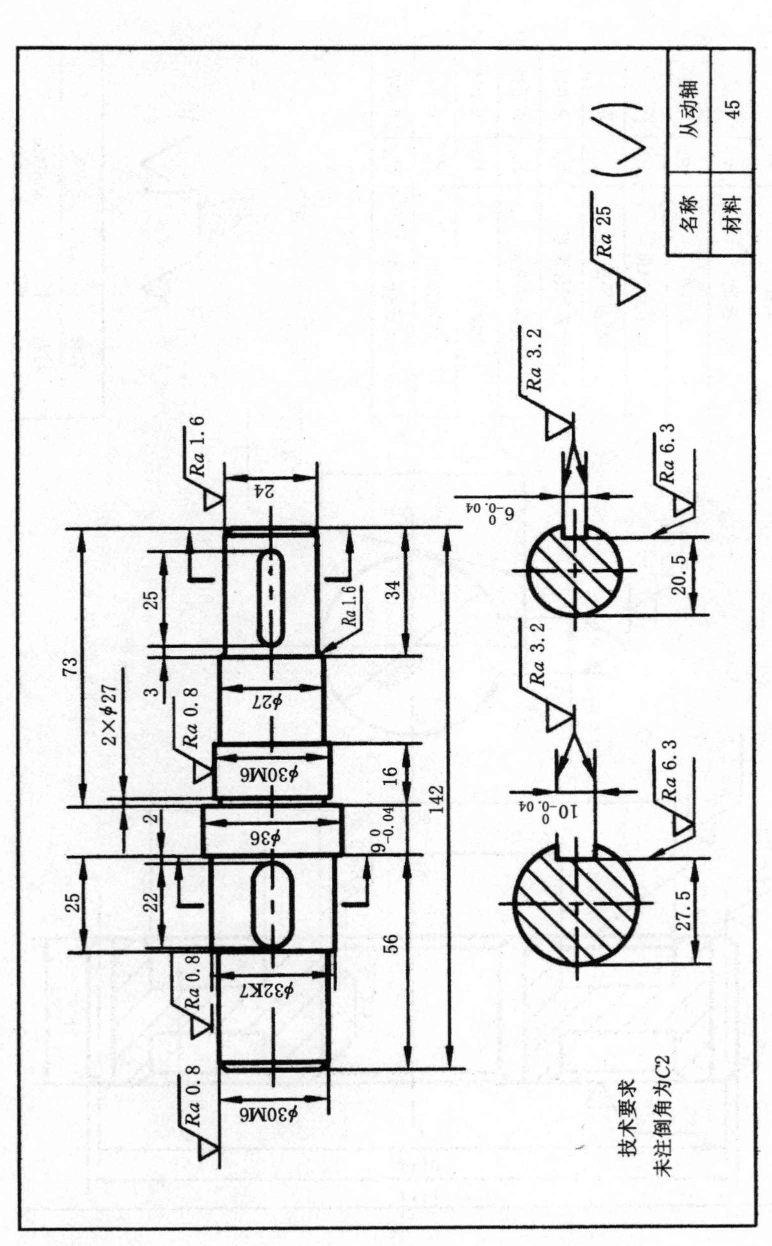

图7-3　减速器从动轴简图

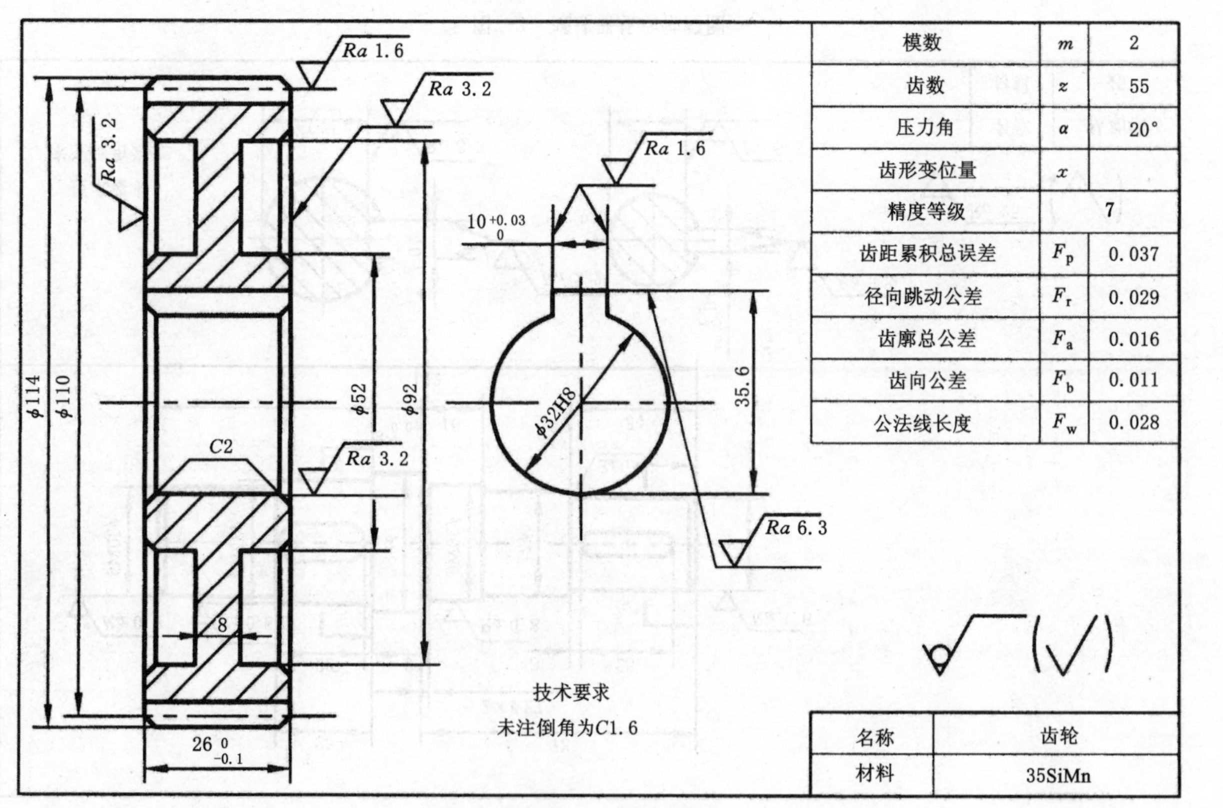

图7-4　减速器从动齿轮零件图

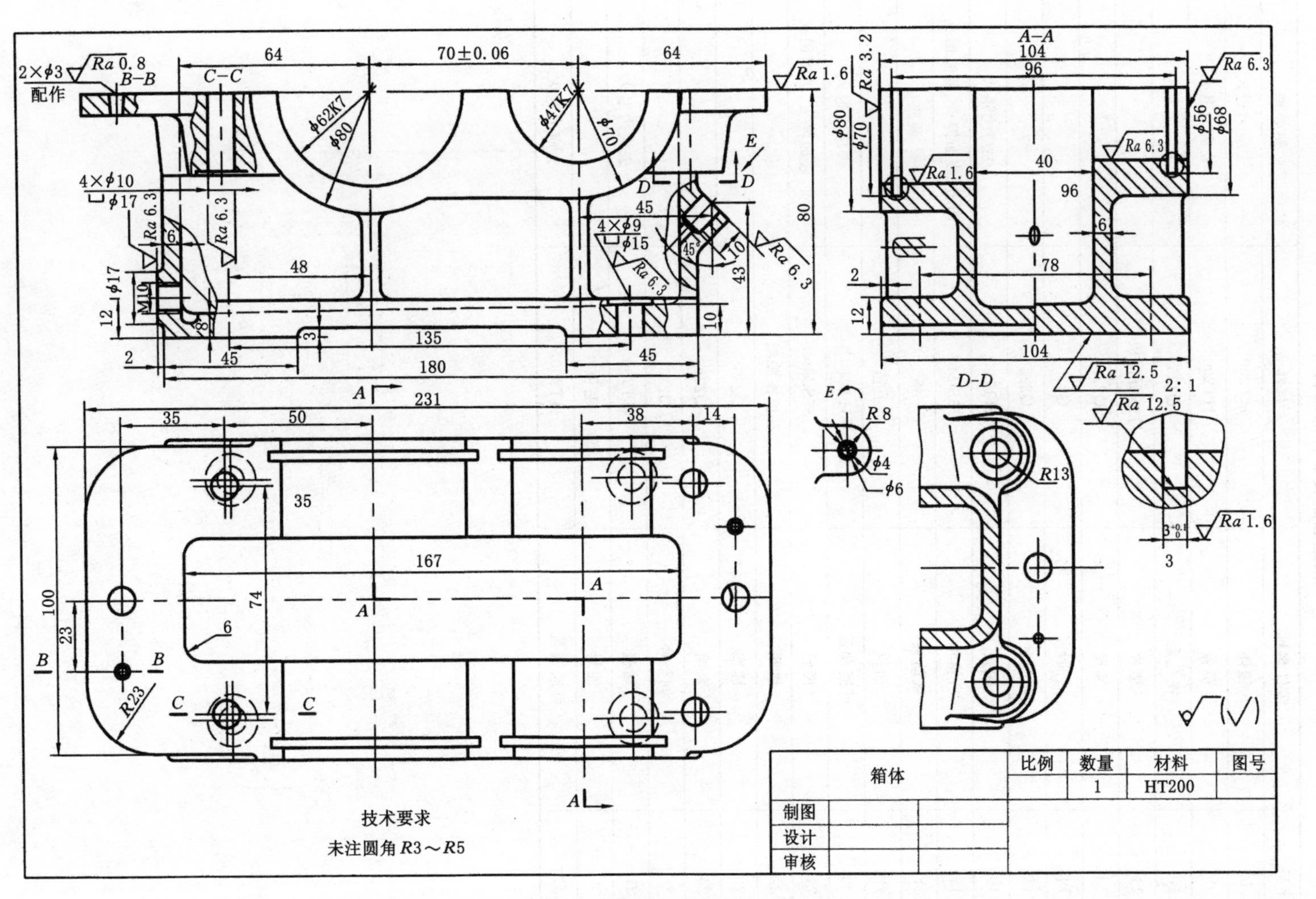

图7-5 减速器箱体简图

表 7-6　　减速器主要零件的用材

序号	零件名称	材料	热处理
1	箱体	HT200	去应力退火
8	箱盖	HT200	去应力退火
10	视孔盖	Q235	
11	垫片	衬垫石棉板	
13	油尺	Q235	
14	挡油环	Q235	
15	调整环	Q235	
16	端盖	HT200	去应力退火
17	齿轮轴	35SiMn	调质、表面淬火、低温回火
18	从动轴	45	调质
19	油封	毛毡	
20	可通端盖	HT200	去应力退火
21	齿轮	35SiMn	调质、表面淬火、低温回火
22	垫圈	石棉橡胶纸	
23	螺塞	Q235	
24	套筒	Q235	
26	调整环	Q235	
27	端盖	HT200	去应力退火
30	油封	毛毡	
31	可通端盖	HT200	去应力退火

附 录

附表Ⅰ 常用钢的临界点

钢号	临界点/℃					
	A_{c_1}	$A_{c_3}(A_{c_{cm}})$	A_{r_1}	A_{r_3}	M_s	M_f
15	735	865	685	840	450	
30	732	815	677	796	380	
40	724	790	680	760	340	
45	724	780	682	751	345～350	
50	725	760	690	720	290～320	
55	727	774	690	755	290～320	
65	727	752	696	730	285	
30Mn	734	812	675	796	355～375	
65Mn	726	765	689	741	270	
20Cr	766	838	702	799	390	
30Cr	740	815	670	—	350～360	
40Cr	743	782	693	730	325～330	
20CrMnTi	740	825	650	730	360	
30CrMnTi	765	790	660	740	—	
35CrMo	755	800	695	750	271	
25MnTiB	708	817	610	710	—	
40MnB	730	780	650	700	—	
55Si2Mn	775	840	—	—	—	
60Si2Mn	755	810	700	770	305	
50CrMn	750	775	—	—	250	
50CrVA	752	788	688	746	270	
GCr15	745	900	700	—	240	
GCr15SiMn	770	872	708	—	200	
T7	730	770	700	—	200～230	
T8	730	—	700	—	220～230	−70
T10	730	800	700	—	200	−80

续表

钢号	临界点/℃					
	A_{c_1}	A_{c_3} ($A_{c_{cm}}$)	A_{r_1}	A_{r_3}	M_s	M_f
9Mn2V	736	765	652	125	—	—
9SiCr	770	870	730	—	170～180	—
CrWMn	750	940	710	—	200～210	—
Cr12MoV	810	1 200	760	—	150～200	−80
5CrMnMo	710	770	680	—	220～230	—
3Cr2W8	820	1 100	790	—	380～420	−100
W18Cr4V	820	1 330	760	—	180～220	—

附表Ⅱ 常用结构钢退火及正火工艺规范

牌号	相变温度/℃			退火			正火	
	A_{c_1}	A_{c_3}	A_{r_1}	加热温度/℃	冷却	硬度(HBS)	加热温度/℃	硬度(HBS)
35	724	802	680	850～880	炉冷	≤187	860～890	≤191
45	724	780	682	800～840	炉冷	≤197	840～870	≤226
45Mn2	715	770	640	810～840	炉冷	≤217	820～860	187～241
40Cr	743	782	693	830～850	炉冷	≤207	850～870	≤250
35CrMo	755	800	695	830～850	炉冷	≤229	850～870	≤241
40MnB	730	780	650	820～860	炉冷	≤207	850～900	197～207
40CrNi	731	769	660	820～850	炉冷<600 ℃		870～900	≤250
40CrNiMoA	732	774		840～880	炉冷	≤229	890～920	
65Mn	726	765	689	780～840	炉冷	≤229	820～860	≤269
60Si2Mn	755	810	700				830～860	≤254
50CrVA	752	788	688				850～880	≤288
20	735	855	680				890～920	≤156
20Cr	766	838	702	860～890	炉冷	≤179	870～900	≤270
20CrMnTi	740	825	650				950～970	156～207
20CrMnMo	710	830	620	850～870	炉冷	≤217	870～900	
38CrMoA	800	940	730	840～870	炉冷	≤229	930～970	

附表Ⅲ　常用工具钢退火及正火工艺规范

牌号	相变温度/℃			退火			正火	
	A_{c_1}	A_{cm}	A_{r_1}	加热温度/℃	等温温度/℃	硬度(HBS)	加热温度/℃	硬度(HBS)
T8A	730		700	740～760	650～680	≤187	760～780	241～302
T10A	730	800	700	750～770	680～700	≤197	800～850	255～321
T12A	730	820	700	750～770	680～700	≤207	850～870	269～341
9Mn2V	736	765	652	760～780	670～690	≤229	870～880	
9SiCr	770	870	730	790～810	700～720	197～241		
CrWMn	750	940	710	770～790	680～700	207～255		
GCr15	745	900	700	790～810	710～720	207～229	900～950	270～390
Gr12MoV	810		760	850～870	720～750	207～255		
W18Cr4V	820		760	850～880	730～750	207～255		
W6Mo5Cr4V2	845～880		805～740	850～870	740～750	≤255		
5CrMnMo	710	760	650	850～870	～680	197～241		
5CrNiMo	710	770	680	850～870	～680	197～241		
3Cr2W8V	820	1 100	790	850～860	720～740			

附表Ⅳ　常用钢种回火温度与硬度对照表

牌号	淬火规范			回火温度/℃与回火后硬度(HRC)												备　注
	加热温度/℃	冷却剂	硬度(HRC)	180±10	240±10	280±10	320±10	360±10	380±10	420±10	480±10	540±10	580±10	620±10	650±10	
35	860±10	水	>50	51±2	47±2	45±2	43±2	40±2	38±2	35±2	33±2	28±2	250±20 HBS	220±20 HBS		
45	830±10	水	>50	56±2	53±2	51±2	48±2	45±2	43±2	38±2	34±2	30±2	250±20 HBS	220±20 HBS		
T8,T8A	790±10	水,油	>62	62±2	58±2	56±2	54±2	51±2	49±2	45±2	39±2	34±2	29±2	25±2		
T10,T10A	780±10	水,油	>62	63±2	59±2	57±2	55±2	52±2	50±2	46±2	41±2	36±2	30±2	26±2		
40Cr	850±10	油	>55	54±2	53±2	52±2	50±2	49±2	47±2	44±2	41±2	36±2	31±2	260 HBS		具有回火脆性的钢如40Cr、65Mn、30CrMnSi等,在中温或高温回火后,用清水或油冷却
50CrVA	850±10	油	>60	58±2	56±2	54±2	53±2	51±2	49±2	47±2	43±2	40±2	36±2		30±2	
60Si2Mn	870±10	油	>60	62±2	58±2	56±2	55±2	54±2	52±2	50±2	44±2	35±2	30±2			
65Mn	820±10	油	>60	58±2	56±2	54±2	52±2	50±2	47±2	44±2	40±2	34±2	32±2	28±2		
5CrMnMo	840±10	油	>52	55±2	53±2	52±2	48±2	45±2	44±2	44±2	43±2	38±2	36±2	34±2	32±2	
30CrMnSi	860±10	油	>48	48±2	48±2	47±2		43±2	42±2			36±2		30±2	26±2	
GCr15	850±10	油	>62	61±2	59±2	58±2	55±2	53±2	52±1	50±2		41±2		30±2		
9SiCr	850±10	油	>62	62±2	60±2	58±2	57±2	56±2	55±1	52±2	51±2	45±2				
CrWMn	830±10	油	>62	61±2	58±2	57±2	55±2	54±2	52±2	50±2	46±2	44±2				
9Mn2V	800±10	油	>62	62±2	58±2	56±2	54±2	51±2	49±1	41±2						
3Cr2W8V	1 100	分级,油	~48								46±2	48±2	48±2	43±2	41±2	一般采用560~580 ℃回火二次
Cr12	980±10	分级,油	>62	62	59±2		57±2			55±2		52±2			45±2	
Cr12MoV	1 030±10	分级,油	>62	62	62	60		57±2				53±2			45±2	一般采用560 ℃回火三次,每次一小时
W18Cr4V	1 270±10	分级,油	>64													

注:1. 水冷却剂为10%NaCl水溶液。

2. 淬火加热在盐浴炉内进行,回火在井式炉内进行。

3. 回火保温时间碳钢一般采用60~90 min,合金钢采用90~120 min。

参考文献

[1] 卞洪元,丁金水.金属工艺学[M].北京:北京理工大学出版社,2006.
[2] 常永坤,张胜来.金属材料与热处理[M].济南:山东科学技术出版社,2007.
[3] 胡凤翔,于艳丽.工程材料及热处理[M].2版.北京:北京理工大学出版社,2012.
[4] 彭宝成.新编机械工程材料[M].北京:冶金工业出版社,2008.
[5] 施江澜.工程材料学[M].南京:东南大学出版社,1991.
[6] 王纪安.工程材料与材料成形工艺[M].北京:高等教育出版社,2000.
[7] 王运炎.金属材料与热处理[M].北京:机械工业出版社,1984.
[8] 徐荣.机械工程材料[M].西安:西北工业大学出版社,2005.
[9] 许德珠.机械工程材料[M].2版.北京:高等教育出版社,2006.
[10] 余岩.工程材料与加工基础[M].2版.北京:北京理工大学出版社,2012.
[11] 张至丰.机械工程材料及成形工艺基础[M].北京:机械工业出版社,2007.